Ein Garten voller Vögel

HEINZ SCHMIDBAUER MIT EINEM VORWORT VON HANNES JAENICKE

Ein Garten voller Vögel

PARADIESE SCHAFFEN –
DER VIELFALT EIN
ZUHAUSE BIETEN

FREDERKING & THALER

INHALT

VORWORT

Liebe Natur- und Vogelfreunde,

wann hatten Sie zuletzt die Gelegenheit, dem Gesang und Zwitschern unserer Singvögel zuzuhören? Dem fröhlichen Radau, wenn die Sonne aufgeht und Amseln und Kohlmeisen den Tag begrüßen? Als ich noch ein kleiner Junge war, waren unsere Wiesen, Bäume und Gärten voller Vögel. Frühaufsteher brauchten keinen Wecker, überall wurde geträllert, gepiepst, gesungen. Heute hört sich Deutschland anders an. Es ist still geworden. Manchmal totenstill. Der Kinderlied-Klassiker »Alle Vögel sind schon da« müsste längst umgetextet werden in »Alle Vögel war'n mal da«. Wir haben in den vergangenen Jahrzehnten 60 Prozent unseres Vogelvorkommens verloren. Der Bestand des Kiebitzes ging seit 1980 um 93 Prozent zurück, der von Rebhuhnpaaren um 91 Prozent, von Turteltauben um 89 Prozent, Feldlerchen schwanden zu 55 Prozent. So steht es im Nationalen Vogelschutzbericht von 2019, um nur ein paar Zahlen zu nennen. Allesamt Vögel der Wiesen- und Agrarlandschaft, wie Vogelkenner vermutlich längst bemerkt haben. Ja, unsere Ackervögel trifft es besonders hart.

Das liegt vor allem an der unwirtlichen Landschaft, die unsere Vögel heute vorfinden. Die entspricht aus menschlicher Perspektive in etwa der Vorstellung, in einer kahlen Wohnung mit einem leeren Kühlschrank hausen zu müssen. Ungemütlich, trist, wenn nicht gar lebensbedrohlich. Für Vögel bedeutet das: Artenreiche Wiesen, Weiden und Brachflächen, wo sich Vögel wohlfühlen und genug Nahrung finden, verschwinden in erschreckendem Tempo. Denn um rentabel zu wirtschaften, müssen Landwirte heute schneller und billiger produzieren, sie bauen Monokulturen an, auf immer größeren Flächen. Seit die EU Brachflächen nicht mehr fördert, liegen nur noch 1,7 Prozent aller Ackerflächen brach. Vor 20 Jahren waren es noch 10 Prozent.

Auch sind dicht bewachsene Mais- oder Getreidefelder für Bodenbrüter wie Feldlerchen und Kiebitze ein undurchdringlicher Dschungel, sie finden weder Durchkommen noch Lücken und bauen deshalb ihre Nester in den einzigen freien Flächen, die ihnen übrigbleiben: den Fahrspuren der Traktoren. Dass dies für Vogelnester das Todesurteil bedeutet, muss nicht näher erläutert werden.

Die hochindustrialisierte Landwirtschaft bedroht aber nicht nur das »Wohn- und Kinderzimmer« von Feldvögeln, sondern auch ihre Speisekammer. Es gibt keine Restflächen mehr wie Wegränder oder Feldraine, auf denen Wiesenblumen und Kräuter wachsen. In ihren Monokulturen lassen die Bauern solche Gräser und Blumen nicht mehr stehen, sondern pflanzen ihre Produkte bis zum letzten Zentimeter ihres Ackers. Ansonsten gilt ihre Ernte als verunreinigt und sie bekommen weniger Geld. Das Getreide kann dann nur noch als Viehfutter verkauft werden. Doch Samen und Gräser von Wildblumen sind wichtige Nahrung für Vögel.

Hinzu kommt das Insektensterben, verursacht durch den massiven Einsatz von Pestiziden. Davon haben Sie sicher auch schon gehört oder es selbst beobachtet: Wenn ich früher längere Strecken mit dem Auto fuhr, musste ich bei jedem Tankstopp die Windschutzscheibe schrubben und säubern, sie war zugekleistert mit zermatschten Insekten. Das ist mittlerweile meist überflüssig, die Windschutzscheibe bleibt selbst bei langen Strecken sauber. Darüber könnte man sich freuen, aber das wäre ein fataler Trugschluss: Es ist ja nicht so, dass die Insekten inzwischen gelernt hätten, dass Windschutzscheiben gefährlich sind und besser gemieden werden sollten. Nein, unsere Insekten sterben schlicht und einfach aus. Kein Wunder, dass Vogelarten, die sich von Insekten ernähren, besonders stark zurückgehen. Und nicht nur das. Insekten bestäuben etwa 90 Prozent unserer Wild- und Kulturpflanzen, sie sorgen dafür, dass Gemüse, Obst und Beeren wachsen und gedeihen können. Und diese Früchte ernähren nicht nur uns, sondern auch unsere Vögel. Ohne Insekten kein Leben.

Bis vor wenigen Jahren war ich der Ansicht, man müsse Vögel nur im Winter füttern. Durch die Dreharbeiten der ZDF-Doku »Im Einsatz für Vögel« habe ich gelernt, dass wir Vögel dank der industriellen Landwirtschaft auch im Sommer füttern müssen. Deutschlands führender Vogelforscher (gewissermaßen der Vogelpapst), Professor Dr. Peter Berthold, sagt, dass die Sommerfütterung sogar wichtiger ist als die Winterfütterung. Das wunderte mich zunächst, aber es ist logisch: Weil es immer weniger Gräser, Samen und Beeren gibt, finden viele Vogelarten nicht mehr genug Nahrung, um ihre Eier legen zu können. Und selbst wenn es noch zum Eierlegen und Ausbrüten reicht, dann finden sie oft nicht mehr genug Essbares, um ihren frisch geschlüpften Nachwuchs zu füttern.

Das hat sich zum Glück inzwischen herumgesprochen. Auch der Fotograf Heinz Schmidbauer füttert die Vögel das ganze Jahr in seinem Garten. In diesem Vogelparadies hat er die Aufnahmen für dieses Buch gemacht. Schauen Sie sich an, wie viele verschiedene Vögel sich bei ihm tummeln! Kein Wunder, denn Schmidbauers Garten ist ein Musterbeispiel für ein vogelfreundliches »Wohnzimmer«.

Heute ist ein moderner Garten eher voller Steine, Kiesel, Schotter und Platten, voller exotischer Pflanzen, mit getrimmtem Golfrasen, durchgestylt und für Vögel ungemütlich. Wohlfühloasen schauen anders aus. Das sehe nicht nur ich so, sondern vor allem unsere Vögel. Da muss es wachsen und wuchern, es braucht Verstecke in Hecken und Kletterpflanzen, Nischen für Nester, einheimische Sträucher und Blumen mit leckeren Beeren und Samen. Wussten Sie, dass alle 15 Millionen Privatgärten in Deutschland so groß sind wie alle Naturschutzgebiete in Deutschland zusammen? Das macht vier Prozent der Gesamtfläche der Bundesrepublik. Wenn wir nur einen Bruchteil der Gärten naturnah und vogelfreundlich gestalten würden, wäre schon viel gewonnen. Als Hobbygärtner sollten wir den Designer und Landschaftsarchitekten in uns zurückpfeifen. Wir sollten aufhören, die Natur ständig manipulieren und kontrollieren zu wollen. Wir sollten unseren Gärten Freiheit lassen und dem Wildwuchs frönen!

Und wenn Sie keinen Garten haben, sondern nur einen Balkon, Innenhof oder ein paar Blumentöpfe auf der Fensterbank: Auch da können Sie kleine Vogeloasen einrichten. Hängen Sie einen Nistkasten auf, pflanzen Sie Kübelobst, säen Sie ein paar Wildblumen oder stellen Sie eine Vogeltränke auf. Wie in der Wirtschaft gilt auch in der Natur: Das Angebot regelt die Nachfrage. So locken Sie Vögel an, und die letzten Nachfahren der Dinosaurier werden es Ihnen singend danken.

Wenn Sie keinen Balkon haben, dann können Sie den Vögeln immer noch helfen, indem Sie sie zählen. Im Ernst. Denn der Naturschutzbund Deutschland (Nabu) ruft jedes Jahr am zweiten Wochenende im Mai dazu auf, Gartenvögel zu notieren und zu melden. Ohne die Tausenden ehrenamtlichen Helfer wüssten wir gar nicht, wie es um unsere heimische Vogelwelt bestellt ist.

Sie sehen, jeder kann dazu beitragen, um unsere Vögel vor dem Aussterben zu retten. Stecken wir nicht wie der Vogel Strauß den Kopf in den Sand, sondern werden wir aktiv. Vögel zu retten ist nicht schwer – machen wir es wie unsere Kinder: Verstecke bauen, mit dem Brot herumbröseln, uns an bunten Blumen freuen. Vielleicht macht das besagte Volkslied dann wieder Sinn: Alle Vögel sind schon da …

Schön wäre das und ein großer Erfolg im Kampf gegen das allgegenwärtige Artensterben!

Herzlich, Ihr

Hannes Jaenicke

EINFÜHRUNG

Zwei unglaublich quirlige Käfer, der eine grün schillernd, der andere rotviolett: Diese beiden Insekten aus der Familie der Laufkäfer, wie ich später erfahren hatte, waren es, an die ich mich heute nach rund sechzig Jahren noch sehr gut erinnere. Die Käfer sollten damals den Grundstein für eine Insektensammlung bilden und mich zu einem leidenschaftlichen Naturfreund werden lassen.

Im Alter von dreißig Jahren konnte ich durch einen Berufswechsel mein Hobby zum Traumberuf machen. Ich wurde Filmemacher und produzierte zahlreiche Fernsehbeiträge, vor allem über Insekten und Spinnen, aber auch viele Produktionen über andere Tiere, u. a. für die Heinz-Sielmann-Serie »Expeditionen ins Tierreich«. Weitere zwanzig Jahre später schlug ich erneut einen anderen beruflichen Weg ein, hängte die Tierfilmerei an den Nagel und widmete mich fortan der Naturfotografie.

Inzwischen hatten meine Frau und ich ein Häuschen im Grünen erworben. Der Traum vom Naturgarten wurde Realität. Doch wie sollte so ein Naturgarten aussehen? Wir überlegten, was wohl Vögel dazu brächte, sich bei uns niederzulassen. Was könnte sie dazu verleiten, in unserem Garten ein Revier zu gründen und ein Nest für ihren Nachwuchs zu bauen? Die örtliche Lage erwies sich als günstig. In unmittelbarer Nähe fließt die Isar vorbei, wenn auch nicht als wilder Fluss, sondern als gezähmter Kanal in einem Betonbett, aber immerhin eingefasst mit etwa achzig Jahre altem Baumbestand. In einigen hundert Metern Entfernung liegt ein großer Stausee – der Ismaninger Speichersee, ein international renommiertes Europareservat und Vogelschutzgebiet.

Um möglichst viele Vögel anzulocken, legten wir ganz unterschiedliche Biotope an – das Konzept ging auf und wurde ein voller Erfolg. Heute erfreuen wir uns an zahlreichen Arten im Garten und genießen es, in einem richtig kleinen Vogelparadies leben zu können. Natürlich begeistern uns alle Gefiederten, die wir bei uns entdecken, doch eine Spezies hat es uns ganz besonders angetan: der Kleiber. Dieser muntere winterharte Standvogel präsentiert sich in einer Art, dass es einfach nur Spaß macht, ihn in allen Lebenslagen zu beobachten. Und so begleitet uns der Kleiber auch in diesem Bildband das ganze Vogeljahr hindurch und zeigt seine typischen Verhaltensweisen »in Aktion«.

FRÜHLINGSZEIT

Das Vogelleben erwacht

ALLE VÖGEL SIND SCHON DA

Standvögel, Teilzieher, Zugvögel

Ein Vogeljahr beginnt nördlich der Alpen in der Regel mit einer unwirtlichen Zeit. Es ist Winter und mitunter kalt, stürmisch und tief verschneit. Die Vögel müssen sich mit diesen Gegebenheiten arrangieren – für sie bedeuten die ersten Wochen des Jahres eine Zeit der Genügsamkeit. Und dennoch bleiben erstaunlich viele Arten im Winter in unseren Breiten und fliegen nicht in wärmere Gefilde.

Die Standvögel – anspruchslos und bescheiden

Alle Arten, die im Winter bei uns bleiben, bezeichnet man als Standvögel oder Jahresvögel, weil sie das ganze Jahr hindurch bei uns anzutreffen sind. Die Größe und Form ihrer Schnäbel verrät sehr schnell etwas über ihre geschmacklichen Vorlieben und ihr Fressverhalten.

Kern und Korn knacken

Betrachtet man im Winter die anwesenden Vögel im Garten etwas genauer, speziell die Form ihrer Schnäbel, dann fällt auf, dass die meisten von ihnen einen relativ kurzen, aber doch sehr starken Schnabel besitzen. Kräftige Schnäbel haben in erster Linie die sogenannten Körnerfresser. Sie setzen ihre Schnäbel als Werkzeug zum Aufknacken oder Freilegen von Samen ein, die von einer harten Schale

Amsel Einst war sie ein scheuer Waldvogel, doch heute ist die Amsel ein vertrauter Anblick im Garten. Das Männchen (links) trägt ein schwarzes Gefieder. Schnabel und Augenringe sind auffallend orange gefärbt. Das Weibchen (rechts oben) ist bräunlich gefärbt und hat dunklere Flecken an Kehle und Brust.

umhüllt sind. Dabei ist die Schnabelgröße ein Hinweis auf die Lieblingsnahrung der jeweiligen Spezies.

Unsere größte heimische Finkenart, der Kernbeißer, verfügt über einen extrem großen Schnabel. Dieses gewaltige Werkzeug verrät seine Fressgewohnheiten. Kirschkernbeißer wird dieser Vogel auch genannt, weil er mühelos die Kerne von Kirschen knacken kann. Man sollte also nicht versuchen, diesen Vogel mit ungeschützter Hand zu greifen.

Ein Großteil der Finken sowie Sperlinge und Ammern nehmen ein Korn mit dem Schnabel auf. Sie beknabbern die Schale so lange, bis der Inhalt frei liegt und verschluckt werden kann. Einen relativ kleinen Schnabel hat der Distelfink. Wie sein Name schon andeutet, bilden die Samen von Disteln seine Hauptnahrung. Sein anderer Name, Stieglitz, soll hingegen eine lautmalerische Form seines Gesangs – »stiglit« – wiedergeben.

Verstecken und hacken

Es gibt aber auch zahlreiche Arten, die ein eher kleines Schnäbelchen ihr Eigen nennen. Dieses erinnert an die Pfriemschnäbel der typischen Insektenfresser. Gemeint ist hier die Familie der Meisen. Mit ihrem Schnabel lassen sich keine harten Kerne oder Nüsse knacken. Ihre Methode ist es, jeden Kern einzeln in ein Versteck zu tragen und diesen so lange zu bearbeiten, bis sie ans nahrhafte Innere gelangen.

Kohlmeise Die größte, häufigste und dominanteste Meisenart ist an der markanten Färbung sofort erkennbar. Kopf und Hals sind blauschwarz, die Wangen weiß. Das schwarze Band an Brust und Bauch ist bei den Männchen breiter ausgeprägt als bei den Weibchen.

Der robuste Kleiber, der in älteren Bestimmungsbüchern auch als Spechtmeise bezeichnet wird, ähnelt in der Art seiner Nahrungsansprüche den Meisen und aufgrund seines langen Schnabels den Spechten. Er verzehrt am liebsten Kerne und Nüsse, die er mit seinem kräftigen Schnabel mühelos aufhämmert.

Hütet euch vor Krummschnäbeln

Das pure Gegenteil von diesen zarten Gesellen sind all die Vögel, deren Schnäbel sich zu gewaltigen Tötungswerkzeugen entwickelt haben. Dazu zählen etwa die Rabenvögel wie Elster, Häher und Krähe sowie die Greifvögel Sperber und Habicht und die Nachtgreife wie Waldohreule, Waldkauz und Schleiereule.

Auch sie kommen zuweilen in den Garten und lassen sich am Futterplatz blicken, obwohl sie vielleicht nicht ganz so gern gesehen werden. Dennoch darf man nicht vergessen, dass sie als Regulatoren eine wichtige Aufgabe erfüllen.

Suchen und finden

Zu unseren beliebtesten und dank der roten Brust am leichtesten erkennbaren Gartenvögeln gehört das sanft und scheu wirkende Rotkehlchen. Als Mitglied der Drosselfamilie ist es mit seiner Schnabelform nicht zum Körnerfressen geschaffen. Es begnügt sich überwiegend mit dem, was von Meisenknödeln und dem Streufutter zu Boden fällt, ist aber auch kein Kostverächter bei der Beerenernte.

Ein weiterer, wenn auch im Garten meist nur schwer zu beobachtender Vertreter unserer Wintervögel ist der Zaunkönig. Dieser winzige Geselle mit dem keck nach oben aufgerichteten Schwänzchen hat ein sehr dünnes Schnäbelchen und kann daher mit Körnern nicht viel anfangen. Am Futterplatz lässt er sich gelegentlich dabei beobachten, wie er – ähnlich einer Maus jede Deckung nutzend – umherwuselt, um irgendwo etwas Fressbares aufzustöbern.

Mit Vorliebe sucht er überwinternde Insekten in der Laubstreu oder an Stellen, an denen es nicht ganz so ordentlich aufgeräumt ist.

Neben diesen eher zarten Vögeln gibt es des Weiteren noch die robusteren Arten, die ebenfalls bei uns überwintern. Aus der Familie der Singvögel sind dies die Rabenvögel, zu denen Eichelhäher, Elstern, Dohlen und Krähen zählen, sowie Amseln, Spechte und Tauben.

Füttern oder fliegen

All diese Jahresvögel – ganz egal, ob sie nun Körner fressen oder sich von anderen Pflanzensamen wie zum Beispiel von Beeren ernähren – haben eigentlich keine Veranlassung dazu, einen langen, beschwerlichen Flug auf sich zu nehmen und im Herbst in wärmere Gebiete zu ziehen. Die Vögel können von dem, was die Natur ihnen in der kalten Jahreszeit bietet, überleben. Das war zumindest einmal so. Heutzutage, in Zeiten der industrialisierten, intensiv genutzten Landwirtschaft, bleibt auf den Feldern kein Weizenkorn mehr liegen, selbst das letzte Maiskorn wird – mit dem Bioetikett versehen – möglichst gewinnbringend den Flammen geopfert. Daher sollten die Menschen und insbesondere wir Hobbygärtner wohl aushelfen, damit unsere heimischen Vögel uns mit ihrem Gesang weiterhin erfreuen und sie auch in Zukunft bei uns eine Heimat haben.

Die Zugvögel – einmal Süden und mit Glück zurück

Neben den Standvögeln gibt es die große Gruppe der Insektenfresser. Diese Nahrungsspezialisten und Feinschmecker finden zur kalten Jahreszeit bei uns keine Nahrung und würden sehr schnell verhungern.

Von den rund 250 Vogelarten, die in Mitteleuropa brüten, gehört etwa die Hälfte zu jenen, die in Südeuropa oder Afrika überwintern. Darunter befinden sich sehr große Vögel wie der Weißstorch, aber auch kleine wie der Fitis. Beide Arten zählen übrigens zu den Rekord-Langstreckenfliegern, die südlich der Sahara überwintern.

Zeit für den Aufbruch

Der Start unserer Gartenvögel in den Süden richtet sich nach der Wetterlage in unseren Breiten. Bei anhaltend tiefen Temperaturen begeben sich die im Herbst noch aktiven Insekten in den Winterschlaf oder sterben ab. Die Insektenfresser unter den Vögeln können damit ihren Nahrungsbedarf nicht mehr decken. Es wird nun Zeit, sich dorthin auf den Weg zu machen, wo es wärmer und noch genug Nahrung zu finden ist. Diese Wege können vergleichsweise kurz oder aber auch sehr lang sein. Entsprechend der zurückgelegten Entfernung unterscheidet man die Zugvögel nach Kurz-, Mittel- und Langstreckenzieher –

Buchfink Der mit Abstand häufigste Fink Mitteleuropas zählt nach den Sperlingen zu den bekanntesten Singvögeln. Das Männchen ist bunter gefärbt als das Weibchen und trällert sein Lied aus erhöhter Position in einem Strauch oder Baum.

Stieglitz Der kleine Vogel gehört zur Gruppe der Finken und kommt überwiegend im Winter an den Futterplatz im Garten. Bei dieser Art zeigen sowohl Männchen als auch Weibchen die ausgesprochen farbenfrohe Gefiederzeichnung.

fast wie bei unseren Flugzielen. Einige Arten sind nicht so abhängig von der Wetterlage und dem Futterangebot. Sie fliegen mal hierhin und mal dorthin – diese Vögel werden auch als Teilzieher bezeichnet.

Unterschiedliche Zugstrategien

Die Einteilung unserer Gartenvögel anhand der zurückgelegten Entfernungen in die Überwinterungsgebiete umfasst folgende Arten:

- Kurzstreckenzieher: Star, Mönchsgrasmücke, Bachstelze, Zilpzalp, Heckenbraunelle und Singdrossel
- Mittelstreckenzieher: Hausrotschwanz und bisweilen auch Zilpzalp
- Langstreckenzieher: Fitis, Gartenrotschwanz, Gartengrasmücke, Dorngrasmücke, Klappergrasmücke, Grauschnäpper, Trauerschnäpper, Rauchschwalbe, Mehlschwalbe, Berglaubsänger und Waldlaubsänger

Manche Zugstrecken haben sich aufgrund der Klimaänderungen verkürzt. So fliegen zum Beispiel Mönchsgrasmücken, Bachstelzen und Heckenbraunellen ebenso wie Stare nicht mehr so weit nach Süden und treffen infolgedessen im Frühjahr zeitiger an ihren Brutplätzen ein. Je länger die Vögel auf ihren Zugstrecken unterwegs sind, desto mehr Gefahren sind sie dabei ausgesetzt. Die oft schon schneebedeckten Gebirgszüge wie Alpen und Pyrenäen, Meeresengen wie die Straße von Gibraltar und vor allem die fast endlosen Strecken über die Sahara fordern enorm hohe naturbedingte Verluste. Auch der immer noch praktizierte illegale Vogelfang in vielen Mittelmeer-Anrainerstaaten lässt die Todeszahlen hochschnellen.

Ob allerdings die direkten Verluste durch Vogelmord im Süden, der offiziell meist verboten, aber nicht geahndet wird, höher sind als die indirekten Verluste durch die chemische Keule der Pharmaindustrie und der Biotopzerstörung in unseren Breiten, sei dahingestellt. Fakt ist, dass die Bestandszahlen unserer Zugvögel im Allgemeinen und die der Gartenvögel im Speziellen gewaltig zurückgehen.

Doch trotz der vielen Verluste auf dem Flug in die Winterquartiere und wieder zurück treffen immer noch viele unserer Zugvögel pünktlich im Frühling in ihren angestammten Brutgebieten ein. Voraussetzung dafür ist die zunehmende Tageslänge mit steigenden Temperaturen. Diese Gegebenheiten sorgen dafür, dass die Insekten aus den Eiern schlüpfen oder aus dem Winterschlaf erwachen – und damit ist das Insektenbüfett wieder geöffnet. Dank ihres unglaublichen Gedächtnisses finden die Zugvögel sofort ihren Brutplatz vom Vorjahr wieder und stürzen sich zunächst auf alles Fressbare, um ihre Energiereserven aufzufüllen. Schön, wenn im Garten dann ergiebige Futterquellen auf die hungrigen Heimkehrer warten.

Kernbeißer Der größte unserer heimischen Finken gilt als Kraftprotz unter den Körnerfressern. Dank seines gewaltigen Schnabels ist ihm keine Nuss zu groß. Das Männchen ist farbenfroher gezeichnet als das Weibchen und trägt ganzjährig wunderschöne blaue Schmuckfedern an den Flügeln.

Kleiber Der lebhafte Kleiber hat einen kräftigen spitzen Schnabel und benimmt sich am Futterplatz sehr bestimmend. Er kann als Einziger unter unseren Singvögeln einen Baumstamm mit dem Kopf nach unten laufen.

Buntspecht Mit seinem auffallend farbenfrohen Federkleid ist der Buntspecht mit Abstand unser häufigster Specht. Sein lautes Trommeln ist das ganze Jahr über zu hören. Entweder hämmert er auf die Rinde eines Baumstamms ein, weil er hinter dieser Käferlarven vermutet, oder er trommelt Liebesbriefe an eine Auserwählte – als wäre er der Erfinder der Morsezeichen.

Blaumeise Unverkennbar aufgrund ihrer blau-gelben Gefiederfarbe, ist die Blaumeise deutlich kleiner als die Kohlmeise. Dennoch kann es vorkommen, dass die freche Blaumeise der Kohlmeise zu drohen versucht, wenn es um das Futter geht. Blaumeisen kommen in Gärten noch relativ häufig vor und beziehen gern Nistkästen.

Buntspecht Der Buntspecht ist der unbestrittene Star am Futterplatz. Kaum findet er sich vor Ort ein, kommt Leben in die Bude. Der Specht ist nicht nur ein ständiger Gast bei der Winterfütterung, sondern er bringt gelegentlich auch einen Jungvogel mit an den Tisch, vor allem wenn in der Sommerzeit Fettfutter angeboten wird.

Erlenzeisig Der kleine gelblich grün gefärbte Fink ist ein typischer Wintergast am Futterplatz. Er brütet vorwiegend in Nadelwäldern sowie in Birken und Erlen hoch oben in den Baumspitzen.

Grünfink Dieser häufige Fink wird auch Grünling genannt – unverkennbar verdankt er seinen Namen der typischen Gefiederfärbung. Kennzeichnend für diesen Vogel ist, wie für alle Finkenarten, der kräftige Schnabel, mit dem er in der Lage ist, die harten Schalen von Körnern mühelos zu knacken.

Goldammer Dank ihres auffallend gelben Federkleids ist dieser Vogel leicht zu erkennen. Die Goldammer kommt zuweilen an den Futterplatz im Garten. Leider ist ihr Bestand merklich zurückgegangen, was vermutlich am Verschwinden der Hecken in der Kulturlandschaft, dem eigentlichen Lebensraum der Goldammer, zurückzuführen ist. Bei der Nahrungssuche hält sie sich eher am Boden auf, um dort nach Sämereien zu suchen.

Gartenbaumläufer Den kleinen Vogel kann man äußerlich nur schwer von seinem nahen Verwandten, dem Waldbaumläufer, unterscheiden. Lässt er allerdings sein zartes Stimmchen hören, ist jede Verwechslung ausgeschlossen. Alle Baumläufer weisen ein typisches Verhaltensmuster bei der Futtersuche auf. Sie fliegen an den Fuß eines Baumstamms und laufen dann von unten nach oben den Stamm entlang, um Insekten aufzuspüren. Beeindruckend ist das hervorragende Tarnvermögen ihrer Gefiederzeichnung.

Singdrossel Sobald sie im zeitigen Frühjahr aus dem Süden zurückkommen, beginnen die Singdrosseln umgehend mit dem Nestbau, meist in Astgabeln von Laubbäumen. Vielfach sind diese Bäume jedoch noch nicht belaubt, womit die Tarnwirkung fehlt und die ersten Gelege vielfach Eierdieben zum Opfer fallen. Erst das zweite und oft auch erst das dritte Gelege nutzt den Vögeln zur Arterhaltung.

< **Rotkehlchen** Wer kennt es nicht, das Rotkehlchen mit seinem roten Latz. Dieser streitbare Geselle lässt sich gern in naturnahen Gärten nieder, duldet aber nur zur Paarungszeit Artgenossen in seinem Revier. Durch direkte Fütterung mit Leckerbissen wie Pinienkernen kann er sehr zutraulich werden.

> **Grauschnäpper** Typisch für die Gruppe der Fliegenschnäpper zeigt auch diese Art eine unscheinbar graubraune Färbung. Der Vogel sitzt oft aufrecht auf einer Sitzwarte und hält nach Fluginsekten Ausschau – gern auch in Teichnähe, um dort Kleinlibellen zu erbeuten.

Klappergrasmücke Der sehr elegant wirkende Vogel erscheint bei uns im Garten im Spätsommer und dann nur am Abend an der Tränke. Er taucht plötzlich für ein paar Minuten auf und ist dann wieder spurlos verschwunden, fast wie ein Phantom. Klappergrasmücken brüten in Buschwerk und Bäumen.

Dorngrasmücke Die nahe Verwandte der Klappergrasmücke lässt sich von dieser durch die bräunlichere Färbung und den längeren Schwanz unterscheiden. Die sehr lebhafte Dorngrasmücke bevorzugt buschreiches Gelände und brütet in Bodennähe. Im Garten lässt sie sich am ehesten zur Zugzeit im Herbst beobachten.

Schwanzmeisen Diese Vögel sind durch ihren überlangen Schwanz schon von Weitem im Flug erkennbar. Ein weiteres auffälliges Merkmal ist das sehr helle Gefieder. Zur Winterzeit tauchen sie meist in Gruppen aus bis zu zwölf Mitgliedern am Futterplatz auf. Eine besondere Verhaltensweise ist ihre hektische Art, als ob sie immer in Eile wären. Haben sie ihre bevorzugten Meisenknödel entdeckt und sich darauf niedergelassen, dann picken sie hier und da ein wenig und sind schnell wieder unterwegs zum nächsten Futterplatz. Das Verbreitungsgebiet

erstreckt sich über Europa mit Ausnahme der nördlichen Polargebiete sowie Sardinien. Die streifenköpfige Unterart ist im Westen und Süden Europas, die weißköpfige Unterart im Norden und Osten Europas anzutreffen. In Mitteleuropa kommen beide Unterarten vor.

Heckenbraunelle Die Art könnte leicht mit einem Sperling verwechselt werden. Ihr Rücken ist eher braun mit schwarzen Streifen, während die Unterseite blaugrau gefärbt ist. Dieser Vogel erscheint als einer der Ersten im zeitigen Frühjahr und sucht das Futter in erster Linie auf dem Boden. Heckenbraunellen leben als Einzelgänger, sie vertragen sich nicht mit Artgenossen.

Waldlaubsänger Eigentlich in den Baumkronen der Wälder zu Hause, findet sich der kleine Vogel im Sommer gelegentlich in Gesellschaft mit dem ähnlich aussehenden Zilpzalp an der Wassertränke ein. Waldlaubsänger sind an der Brust kräftiger gelb gefärbt und tragen einen markanten gelben Strich über dem Auge, den sogenannten Augenstreif. Den ähnlichen Berglaubsängern fehlt die gelbe Brustfärbung, doch auch sie lassen sich manchmal als Gast im Garten bewundern.

Gartenrotschwanz Der Bestand unseres wohl farbenprächtigsten Singvogels ist leider stark rückgängig, höchstwahrscheinlich aufgrund der fehlenden Insektennahrung. Der Gartenrotschwanz brütet überwiegend in Baumhöhlen.

Hausrotschwanz Obwohl nahe mit ihm verwandt, unterscheidet sich der Hausrotschwanz sehr deutlich im Aussehen vom Gartenrotschwanz. Das Männchen ist überwiegend schwarz gefärbt und zeigt ein weißes Streifenmuster auf den Flügeln und einen rostroten Schwanz. Das Weibchen trägt ein helleres bräunliches Gefieder. Hausrotschwänze nisten gern in vom Menschen angebotenen Halbhöhlen, werden aber zusehens von Haussperlingen aus den Nisthöhlen verdrängt.

Blaumeise droht Kohlmeise Die Blaumeise zählt zu unseren bekanntesten Gartenvögeln. Ein Naturgarten ohne die rund zehn Gramm leichte Meise, die nur halb so groß wie ein Haussperling wird, ist kaum denkbar. Trotz ihrer geringen Körpergröße tritt die Blaumeise den größeren Nahrungskonkurrenten am Futterplatz durchaus mutig gegenüber. Tapfer erstreitet sie sich ihren Anteil. Wie bei Meisen üblich, nimmt auch sie immer nur einen Sonnenblumenkern mit dem Schnabel auf und verschwindet dann schnell ins sichere Gebüsch. Dort wird der Kern zwischen die Krallen und dem Zweig, auf dem sie sitzt, eingeklemmt, mit dem Schnabel aufgehackt und der Inhalt genüsslich verspeist. Anschließend fliegt die Meise zurück zum Futterplatz, um den nächsten Kern zu holen. Diese Methode ist nicht sehr effizient, aber sicherer, als längere Zeit offen und gut sichtbar für Feinde im Freien zu sitzen.

Haubenmeise Diese kleine Meise ist so gut wie unverwechselbar. Sie lässt sich eindeutig an ihrer schwarzweiß gesprenkelten Kopfhaube erkennen. Im Vergleich zu den meisten anderen Meisenarten verhält sie sich weitaus weniger gesellig. In ihrem Vorkommen ist sie auf Nadelbäume angewiesen.

Tannenmeise Diese Art könnte am ehesten mit einer Kohlmeise verwechselt werden, ist aber etwas kleiner als diese. Ihr schwarzer Kopf zeichnet sich durch einen markanten weißen Nackenfleck aus, die Wangen sind ebenfalls weiß. Von der Kehle bis zur Brust verläuft ein schwarzes Band. Tannenmeisen bevorzugen Nadelwälder und kommen höchst selten in den Garten.

Sumpfmeise In ihrem Aussehen ähnelt die Sumpfmeise oder Nonnenmeise, wie sie auch heißt, stark der Weidenmeise. Bei Ersterer ist die Kappe glänzend schwarz, bei Letzterer mattschwarz. Im Zweifel sorgt der Gesang für Klarheit bei der Unterscheidung. Die Sumpfmeise lebt nicht im Sumpf, wie ihr Name suggeriert, sondern meist in Mischwäldern mit altem Baumbestand. Als Nistmaterial verwendet sie normalerweise keine pflanzlichen Materialien, sondern Haare und Federn. Bevorzugtes Futter im Garten sind Sonnenblumenkerne und Fettfutter.

Haussperling und Feldsperling Die beiden Arten sind nah miteinander verwandt und werden im Volksmund häufig Spatz genannt. Doch während der Haussperling die Nähe menschlicher Siedlungen sucht, ist der Feldsperling eher auf dem Land zu finden. Dennoch kommen beide Arten auch nebeneinander vor. In ihrer Standorttreue gleichen sie sich ebenfalls: Weder Hausspatz noch Feldspatz zieht es im Winter in den Süden, beide Arten bleiben in der kalten Jahreszeit bei uns. Der auffälligste Unterschied zwischen beiden Arten besteht in der Kleiderordnung. Bei den Haussperlingen (oben) lassen sich Männchen und Weibchen auf den ersten Blick klar voneinander unterscheiden, die Kopfplatte des Männchens ist grau gefärbt. Bei den Feldsperlingen (rechts) dagegen gibt es keinen Geschlechterunterschied. Ihre Kopfplatte ist hellbraun.

Feldsperling Beide Sperlingsarten schließen sich an Futterplätzen gern zu lockeren Gruppen zusammen. Da sind dann schnell 20 bis 30 Individuen auf engstem Raum dicht gedrängt beieinander. Wie meist üblich, wenn es ums Futter geht, wird zuweilen lärmend gestritten, und die Vögel jagen sich gegenseitig – wie hier die Feldsperlinge. Doch sollte plötzlich ein Feind auftauchen, wie etwa der blitzschnelle Sperber oder eine sich anschleichende Hauskatze, dann hat die Gruppenbildung den Vorteil, dass bekanntlich viele Augen mehr sehen als nur zwei. Damit wird die Absicherung des einzelnen Vogels bedeutend verbessert.

DER KLEIBER IN AKTION

Weg da, jetzt komme ich!

Frühlingszeit heißt Futterneid. Wenn sich der Kleiber an der Futterstelle niederlässt, bereitet er anderen Vögeln zuweilen erhebliche Probleme. Zumindest die männlichen Kleiber, die von Natur aus ein sehr ungestümes und auch aggressives Verhalten an den Tag legen. Ohne jegliche Vorwarnung unternimmt das Männchen heftige Attacken gegen die anderen Vögel am Futterplatz. Hält dieses aggressive Verhalten über mehrere Tage an, bekommen die anderen Vögel richtig Angst vor ihm. Aber sie verbünden sich auch gegen den Kleiber. Wenn sich mehrere Vögel am Futterplatz einfinden, hält immer einer Wache.

Von Weitem erkennt der Wachposten offensichtlich sofort, ob sich ein weiblicher oder männlicher Kleiber nähert. Für uns Menschen sehen beide Geschlechter gleich aus. Kommt ein Kleiberweibchen angeflogen, reagieren die Vögel daher überhaupt nicht und lassen es ohne Weiteres am Futterplatz gewähren. Kommt hingegen das Männchen angeschossen, bleibt der Allgemeinheit nur noch die Flucht ins Gebüsch.

Im Lauf der Zeit bildet sich allerdings unter den Sperlingen eine regelrechte Abwehrfront gegen den Kleiber und sorgt so allmählich für Ruhe.

< Star Frisch aus dem Winterquartier eingetroffen, trägt der Star sein Prachtgefieder. Es schillert metallisch grün und violett und ist mit weißen Tupfen übersät. Die Schnäbel von Männchen und Weibchen sind kräftig gelb gefärbt. Doch die Schönheit währt nur kurz: Die leuchtenden Farben und die weißen Punkte nutzen sich im Lauf des Jahres ab, und die Stare sind dann nur noch dunkelgrau.

Eichelhäher Der scheue und vorsichtige Rabenvogel fällt vor allem durch sein schönes Gefieder und die laute Stimme auf. Eichelhäher kommen nicht besonders häufig zum Futterplatz in den Garten und sind – wie die meisten ihrer Verwandten – als Nesträuber berüchtigt.

>> Elster Bei Vogelfreunden schrillen die Alarmglocken, wenn eine Elster im Garten auftaucht – sie ist eine berüchtigte Nesträuberin. Bei uns im Garten wagten wir einmal während einer Brutsaison den Versuch, drei junge Elstern nicht vom Futterplatz zu verscheuchen. Dabei stellten wir fest, dass sie nicht wie sonst in den Vorjahren den ganzen Garten nach Nestern abgesucht haben. Es waren keine Verluste beim Nachwuchs anderer Vögel festzustellen. Vielleicht sind satte Elstern zu bequem, um Raubzüge zu unternehmen? Die Elstern selbst errichten in hohen Bäumen ein überdachtes Nest aus Zweigen und brüten im zeitigen Frühjahr.

BIRDING

Vögel beobachten ist mehr als ein Hobby

Schon lange füttern wir im Winter unsere Gartenvögel, um ihnen über die kalte, nahrungsarme Zeit hinwegzuhelfen. Vor einigen Jahren haben wir uns dazu entschlossen, den Vögeln ganzjährig Futter anzubieten. Dank dieser zuverlässigen Gaben haben wir viele Vogelarten im Garten. Um Amseln, Rotkehlchen und anderen Arten noch besser helfen zu können, schauen wir den Vögeln gern an der Futterstelle bei ihrem Treiben zu und merken dabei schnell, wie interessant diese Beobachtungen sind. Mancher von uns möchte gern »seine« Tiere im Garten fotografisch oder filmisch festhalten. Um dabei bestimmten Qualitätsansprüchen zu genügen, ist eine Aufnahme vom Fenster aus aber meist nicht so ideal. Ein richtiger Fotoansitz hingegen bietet weit bessere Möglichkeiten. Durch das ständige Füttern wird die natürliche Scheu der Vögel gegenüber uns Menschen je nach Vogelart mehr oder weniger abgebaut. Warum aber haben die Vögel Angst vor uns, wenn wir ihnen doch nur helfen wollen? Diese Angst ist seit Langem angeboren und wird weitervererbt. Schuld daran ist die jahrhundertalte Verfolgung der Tiere – aus welchen Gründen auch immer. Der Mensch steht für die meisten Tierarten auf der Liste der Feindbilder ganz weit oben.

Wir stellen jedoch nach einiger Zeit fest, dass sich so mancher Piepmatz dank der regel-

Fotografie aus dem Versteck Optimal der Gartenlandschaft angepasst ist der Fotoansitz des Autors. Die meisten Bilder wurden von hier aus aufgenommen.

Buchfink Nur mit Mühe können Buchfinken auf einem erhöht angebrachten Futterplatz landen. Bevor sie eine Bruchlandung hinlegen, bleiben sie lieber gleich auf dem Boden – von oben fällt ja genug herab.

Schwanzmeise Die kleinen Vögel mit den langen Schwänzen wagen sich nur in der Gruppe an den Futterplatz. Hektisch picken sie ein wenig an den Meisenknödeln, um kurz darauf gleich wieder zu verschwinden.

mäßigen Fütterung an uns gewöhnt. Dabei sollten wir die Futtergaben nicht heimlich oder im Dunkeln hinstellen, in der irrigen Annahme, die Vögel sonst zu erschrecken. Ein Freund schleicht sich nicht an! Die Vögel kommen in der Regel in den ersten Morgenstunden und ab dem Spätnachmittag zur Futterstelle, und genau zu diesen Zeiten sollten wir erscheinen und das Futter auslegen. Gut sichtbar gewinnen wir auf diese Weise ihr Vertrauen – und vielleicht ist es sogar von Vorteil, ein Liedchen zu pfeifen, denn dann wissen die Vögel nach einiger Zeit: Aha, jetzt kommt mein Futter!

Tipps für Fotoneulinge

Aber zurück zur Vogelfotografie: Durch vertrauensbildende Maßnahmen allein gelingen keine optimalen Aufnahmen. Vögel verhalten sich nur dann natürlich, wenn sie sich unbeobachtet fühlen, und das gelingt am besten aus einem festinstallierten Ansitz heraus. Folgende Tipps sind hilfreich für Neulinge in der Vogelfotografie: Am günstigsten ist Sonnenlicht, wenn es leicht seitlich von hinten auf das Objekt scheint. Diffuses oder gar kein Sonnenlicht sorgt für bessere Fotos als zu viel Licht, das auch viel Schatten erzeugt. Deshalb sollte der Standort gut gewählt sein. Weitere Grundvoraussetzungen sind ein starkes Teleobjektiv und ein stabiles Stativ. Dabei sind schnelle Kameraschwenks unbedingt zu vermeiden.

Noch ein wichtiger Tipp: Vögel merken zwar, wenn ein Mensch ein Versteck aufsucht und nicht gleich wieder herauskommt, aber sie können nicht zählen. Hier hilft es, eine Begleitperson zum Ansitz mitzunehmen, sich bequem einzurichten und anschließend die Begleitung

zurückzuschicken. So kann man unerkannt und mit entsprechend viel Geduld die Vogelfotografie aufnehmen. Wenn man dann die ersten Treffer mit Stolz betrachtet, wird die Begeisterung für die neue Leidenschaft ganz neue Glücksgefühle hervorbringen.

Verhaltensweisen von Vögeln Die Goldammer (oben links) stellt ihre Federhaube auf und bringt so ihre Erregung zum Ausdruck. Der Kleiber (oben) verharrt in regloser Schreckstarre, bis sein Todfeind, der Sperber, abgezogen ist. Der Buntspecht (rechts) erleichtert sich noch schnell unmittelbar vor seinem Abflug.

Die Mimik von Vögeln

Bei einem Vogel ist es schwierig, seine Stimmung anhand seiner Gesichtszüge auszumachen, da sein Körper meist komplett von Federn bedeckt ist. Doch ein Vogel kann durch Anlegen und Abspreizen eben dieser Federn seinem Gegenüber eine Menge mitteilen. Jede Vogelfreundin und jeder Vogelfreund weiß, dass Vögel ihre Federn im Winter spreizen, wenn es kalt ist, und auf diese Weise nicht mehr frieren. Ein Vogelmännchen stellt vielleicht seine Federn auf der Kopfoberseite auf, um damit auszudrücken, dass es gerade sehr aufgeregt ist, weil eine wunderschöne Vogeldame in der Nähe ist, der es imponieren will. Möglicherweise ist aber auch das Gegenteil der Fall: Ein Konkurrent oder Feind kommt angeflogen! Da nähert sich einer, der nicht willkommen ist, und dem muss massiv mit vermeintlicher Größe gedroht werden, indem die Federhaube aufgestellt und die Flügel gespreizt werden.

Eigenartig ist die Verhaltensweise eines kleinen Vogels, wenn ein gefährlicher Feind, wie etwa der Sperber, auftaucht. Er verharrt dann in einer Schreckstarre, hält in seiner Position inne und rührt sich nicht mehr. Ein schönes Beispiel dafür war der Kleiber links im Bild. Vor meiner Kamera erstarrte er und hielt diese Position komplette 15 Minuten lang. Ich staunte zunächst über das »Einfrieren« seiner Bewegung, doch dann entdeckte ich auch schon den Sperber im Garten, der den Kleiber zum Erstarren gebracht hatte.

Jetzt noch schnell abdrücken!

Wenn man einen Vogel im Sucher hat, der gerade sein Schwänzchen hebt und kotet, heißt es, schleunigst den Auslöser zu drücken. Denn auf diese Aktion folgt unmittelbar die Flucht. Der Vogel hat gemerkt, dass Gefahr droht, und um schneller starten zu können, erleichtert er sich vorher noch. Ebenfalls ein untrügliches Zeichen von bevorstehender Flucht ist bei manchen Vögeln, wie etwa Eulen, der direkte Blick in die Kamera. Wenn sie dann den Kopf abwenden, um einen bestimmten Punkt anzuvisieren, ist damit zu rechnen, dass sie im nächsten Augenblick abfliegen – genau zu dem Punkt, den sie vorher visuell geprüft haben.

Vögel am Futterplatz

So verschieden die Vögel am Futterplatz aussehen, so unterschiedlich sind auch ihre Verhaltensweisen. Als Fotograf muss man sich auf jede einzelne Art einstellen, um gute Aufnahmen zu erhalten. Die behäbigen Grünfinken etwa verhalten sich typisch wie fast alle Finkenarten. Haben sie das Körnerangebot entdeckt, nehmen sie es sofort in Besitz. Sie machen es sich bequem, entfernen durch gezieltes Einsetzen ihres kräftigen Schnabels die Schale eines Sonnenblumenkerns und verschlucken dann den Inhalt. Der nächste Kern folgt. Die Finkenmahlzeit wird gelegentlich nur dadurch etwas lebendiger, wenn ein Artgenosse zu nahe kommt. Ein kurzes Schnabeldrohen, ein kleines Luftgefecht – weiter geht es im gleichen Trott. Viel temperamentvoller verhalten sich dagegen die Sperlinge. Da wird gestritten und gerauft, dass manchmal sogar die Federn fliegen.

Ständige Gäste am Futterplatz sind Kohl- und Blaumeisen. Sie tauchen meist nur kurz auf, schnappen sich einen Sonnenblumenkern und sind schon wieder weg. An einem sicheren Ort in der Nähe wird dann der Kern zwischen

Vogelfutterplatz im Garten Vögel am Futterplatz zu beobachten ist ein Genuss – unglaublich abwechslungsreich und entspannend. Man tut sich etwas Gutes und trägt dazu bei, die faszinierende Vogelwelt zu erhalten.

die Zehen geklemmt und so lange mit Schnabelhieben bearbeitet, bis der Inhalt herausgepickt werden kann. Schon fliegt die Meise zurück zum Futterplatz und nimmt sich den nächsten Kern. Diese Technik ist zwar energieaufwendig, dafür aber sicherer im Falle eines Überraschungsangriffs durch einen Greifvogel oder eine Katze. Finken und Sperlinge, die offen am Futterplatz sitzen, sind da weit gefährdeter.

Schwanzmeisen verhalten sich am Futterplatz ganz anders. Sie bilden zur Winterzeit kleine Gruppen mit bis zu zwölf Exemplaren und erscheinen immer gemeinsam. Mit Vorliebe fliegen sie die Meisenknödel an und knabbern dort ganz hektisch ein wenig herum, nur um gleich darauf den nächsten Futterplatz anzusteuern. Die kleinen Vögel können für den Fotografen ganz schön stressig sein, aber am nächsten Tag fast zur gleichen Zeit kommen sie wieder vorbei. Leider wird man dabei feststellen, dass gegen Winterende die Zahl der Mitglieder immer weiter abnimmt – Väterchen Frost und der Sperber fordern ihren Tribut.

Ist es ruhig am Futterplatz, kommt plötzlich ein rotbrauner Winzling mit keck aufgestelltem Schwänzchen an – der Zaunkönig, der wie eine Maus umherhuscht. Doch so schnell er auftaucht, so flott ist er auch schon wieder verschwunden. Er mag den Trubel nicht. Kein Wunder, gehört er doch zu den Kleinsten.

Sehr viel mutiger sind da die wilden Gesellen ganz ohne Feingefühl, wie zum Beispiel die ungestüme Amsel, die sich zuweilen laut schimpfend in die Schar der anwesenden Kleinvögel stürzt, das herumliegende Futter mit heftigen Schnabelhieben in alle Richtungen schleudert, schnell noch einige Beeren verschluckt und umgehend wieder verschwindet.

Ein weiterer Unruhestifter ist der Buntspecht. Will er seinen Hunger stillen, sitzen die kleinen Stammgäste in sicherem Abstand um ihn herum und warten, bis er sich verzieht. Wagt sich einer der ungeduldigen Spatzen zu nah an den Buntrock, gibt es zur Züchtigung einen heftigen Schnabelhieb oder der Specht fährt dem frechen Spatz mit dem Schnabel ins Gefieder und schleudert ihn von seinem Platz.

Selbstbewusst ist auch der Kleiber, der wendig den Baumstamm hinauf- und hinunterflitzt. Er nimmt den Futterplatz für sich in Anspruch. Aufgrund seines langen Schnabels und des ungestümen Wesens haben alle Vögel, die nicht größer sind als er, einen Heidenrespekt vor ihm. Er duldet keine Tischnachbarn. Ohne Vorwarnung taucht er blitzschnell auf und attackiert die Anwesenden noch im Flug.

Das pure Gegenteil ist das Rotkehlchen, ein anmutiger, sanft wirkender Wintergast im Garten, mit orangeroter Brust und schwarzen Kulleraugen. Es sitzt lieber abseits des Trubels am Futterplatz, pickt mal hier und mal dort und will sichtlich seine Ruhe haben. Nur ein Artgenosse darf sich nicht in seine Nähe wagen. Noch eine rote Brust im Revier – das wird böse enden.

HOCHZEIT

Drum prüfe, wer sich ewig bindet

MÖGE DER BESTE GEWINNEN

Revierkampf, Balz und Brutplatz finden

Im Schattenbereich des Gartens liegt immer noch ein großer weißer Fleck – wann verschwindet er endlich, der letzte Schnee? Es ist inzwischen Vorfrühling, und die ersten Gänseblümchen wagen sich aus dem Boden. Doch so sehr man auch die Ohren spitzt, man hört noch kein Zwitschern von Amsel, Meise und Co. Ungeduld macht sich breit – passionierte Vogelfreunde können es einfach nicht erwarten, bis der Frühling Einzug hält.

Mit zunehmender Tageslänge und langsam steigenden Temperaturen hat das Warten dann plötzlich ein Ende. Man glaubt, ein leises Vogelstimmchen vernommen zu haben, und tatsächlich bringt das zarte Zwitschern einer Blaumeise die sehnlichst erhoffte Erlösung. Der Frühling ist da! Etwas weiter entfernt bestätigt der melodische Gesang einer Amsel: Die Vögel wollen Hochzeit feiern.

Ein gutes Revier besetzen

Doch wer vermählt sich mit wem und wie geht das vonstatten? Noch sitzen mehrere Kohlmeisen ganz friedlich am Futterplatz beieinander, obwohl sie doch nur im Winter miteinander verträglich sind. Den Rest des Jahres über dagegen vertreiben sie ihre Artgenossen unerbittlich aus ihrem Revier. Bevor es also zur Fortpflanzung kommen kann, müssen noch einige Angelegenheiten geregelt werden.

Welches Vogelmännchen sich im vorteilhaften Revier mit der bequemen automatischen Fütterung – im Garten – behaupten kann, wird im Zuge mehrerer Wettbewerbe entschieden. Den Sieger kürt einzig und allein das Weibchen, sofern sich eines eingefunden hat.

Gewinner ist, wer am schönsten und lautesten singt, wer am prächtigsten gekleidet ist oder wer den Eindruck vermittelt, den zu erwartenden Nachwuchs am besten beschützen zu können. Derjenige hat naturgemäß die besten Gene.

Oberstes Ziel eines Vogelmännchens ist es also zunächst, seine Mitbewerber aus dem Revier zu vertreiben. Bei den Kohlmeisen sieht die Strategie dahinter so aus: durch Imponiergehabe in Form von Hochaufrichten, Flügelspreizen und Schwanzheben möglichst groß und kräftig aussehen und den Rivalen letztendlich auch mittels körperlichen Einsatzes zum Teufel jagen. Auch die Sperlinge geben alles, um ein ergiebiges Territorium zu behaupten.

Feldsperling Nur wenn es dem Spatzenmännchen gelingt, seinen auserwählten Nistplatz gegen die Schar der Rivalen erfolgreich zu verteidigen, kann es sich daran machen, ein Weibchen für sich zu gewinnen.

Die Strategien bei der Balz

Das schönste Revier nutzt aber nichts, wenn die Eroberung eines guten Platzes nicht mit einer erfolgreichen Brut gekrönt werden kann. Daher muss als Nächstes eine Artgenossin von den Qualitäten des Revierinhabers überzeugt werden. Dies geschieht während der Balz. Doch was die Strategien beim Werben um ein Weibchen anbelangt, so gibt es große Unterschiede in der Vogelwelt.

Mehr Schein als Sein

Manche Weibchen legen großen Wert auf das äußere Erscheinungsbild. Stolz wie ein Pfau, aufgeblasen wie ein Gockel – man kennt die Gesellen, die mit teils sehr verschwenderischer Pracht vor den Vogeldamen auf und ab stolzieren und versuchen, bestmöglich Eindruck zu schinden. Typisch für diese Männchen ist, dass sie sich später nicht an der Aufzucht der Jungen beteiligen. Sie werben um ein Weibchen und paaren sich mit der Partnerin, nur um sie anschließend gleich wieder zu verlassen. In den meisten Fällen begeben sie sich weiterhin auf Brautschau und lassen nichts unversucht, sich mit mehreren Artgenossinnen zu paaren.

Musikalisches Talent bevorzugt

Anderen Weibchen dagegen ist das Äußere egal, der Partner muss sich durch andere Qualitäten auszeichnen, zum Beispiel eine schöne Stimme. Ausdauernder Gesang dient also dazu, ein Weibchen von sich zu überzeugen.

Alle Arten, die diese Form des Werbens befürworten, legen sich mächtig ins Zeug. Bereits eine Stunde vor Sonnenaufgang trällert das Amselmännchen die erste Strophe, ganz nach dem Motto »Morgenstund hat Gold im Schnabel«, um erst nach Einbruch der Dunkelheit seine Serenade zu beenden. Viele andere Gartenvögel tun es ihm gleich – da wird kräftig geschmettert, getrillert und geflötet.

Zu den fleißigen Sängerknaben gehört der Star. Wenn die Männchen im bunt schillernden Prachtkleid aus den südlichen Gefilden bei uns eintreffen, sind sie voll motiviert. Sie singen, was das Zeug hält, und hoffen, dass sie das Herz einer Starendame erobern.

In unserem Garten beobachteten wir unlängst, wie ein Star sich durch seinen kräftig vorgetragenen Gesang ein Revier erobert und ein schmuckes Heim in einem blühenden Kirschbaum gesichert hatte. So gut er konnte, trällerte er ein Liedchen nach dem anderen. Um seine Aussichten auf eine Partnerin zu erhöhen, zupfte er vom Kirschbaum eine Blüte ab und legte diese in den Starenkasten. Meine Frau Renate und ich beobachteten sein Werben vom Fenster aus.

Seine Geduld wurde belohnt, ein Starenweibchen ließ sich bei unserem Sänger nieder und lauschte seinem Vortrag. Scheinbar hatte er es gut gemacht, denn sie ging einen Schritt weiter und inspizierte sein Häuschen. Doch was dann geschah, versetzte uns in großes Staunen. Die Besichtigung war nur von kurzer Dauer. Als Erstes flog die Kirschblüte in hohem Bogen nach draußen, anschließend noch einige

Gimpel Der überraschend leise Gesang des Gimpels besteht aus pfeifenden Tönen und dazwischenliegenden krächzenden Lauten. Das Gimpelweibchen singt übrigens genauso ausdauernd wie das Männchen.

weitere Nistunterlagen – und weg war sie. Wir waren entsetzt, uns tat der arme Kerl richtig leid. Er versuchte sein Glück noch einige Tage lang weiter, doch alle Mühe war umsonst. Und so kam es, dass in unserem Garten, in dem sich noch vor einigen Jahren die Starenweibchen während des Gesangs eines Männchens um das Revier gestritten hatten, seitdem kein Brutversuch mehr unternommen wurde. Inzwischen steht der Star, eine unserer häufigsten Singvogelarten, auf der Roten Liste und gilt als gefährdet.

Auch Rotkehlchen sind äußerst stimmgewaltig. Zu Beginn der Paarungszeit trägt das Männchen unermüdlich und mit kräftiger Stimme seine variablen Lieder vor. Dieser Gesang ertönt bereits eine Stunde vor Sonnenaufgang und erstreckt sich bis in die Nacht hinein. Rotkehlchen gehören übrigens zu den wenigen Arten, deren Gesang fast das ganze Jahr über ertönt. Vielleicht liegt es daran, dass sie ein ausgeprägtes Revierverhalten an den Tag legen. Im Winter besetzen die Weibchen ein eigenes Territorium, finden sich aber im Frühling im Revier der Männchen ein, wobei sie es mit der Treue nicht so genau nehmen.

Männliche Rotkehlchen sollten tunlichst das Territorium eines Artgenossen respektieren. Fallen sie dennoch in das Reich eines anderen Männchens ein, kann es zu erbitterten Revierkämpfen kommen, die mitunter sogar tödlich enden.

Unspektakulär und erfolgreich

Eine dritte Gruppe von Vögeln macht sich gar nicht erst die Mühe einer aufwendigen Balz. Auf Vergängliches wie Aussehen und Stimme pfeifen diese Vögel verächtlich – Spatzen und Krähen sind solch »gewöhnliche Gesellen«. Das optische Erscheinungsbild ist bei beiden Geschlechtern mehr als unscheinbar – schlicht und farblos. Wunderschöner Klang und berauschende Stimme, nein, auch hier Fehlanzeige. Und dennoch: Wie es aussieht, haben diese unscheinbaren und unkomplizierten Vögel den Dreh heraus. Sie zählen zu den mit Abstand erfolgreichsten Arten dieser Welt, was das Überleben und die Arterhaltung anbelangt.

Brüten, ja – aber wo?

Als Hobbygärtner und Vogelfreunde möchten wir möglichst viele Vögel dazu bringen, in unserem Garten zu brüten. Was aber sind die Grundlagen dafür, dass sie sich für unser kleines Reich entscheiden und unseren Garten als mögliche Brutstätte auswählen? Die wichtigste Voraussetzung dafür ist eine naturnahe Gestaltung mit möglichst unterschiedlichen Biotopformen sowie einer mehr oder weniger üppigen Bepflanzung, die die verschiedenen Vogelarten zum Nestbau animiert. Im Prinzip kommt es hier auch auf die individuellen Bedürfnisse der jeweiligen Arten an. So unterscheidet man beispielsweise die Freibrüter, die Höhlenbrüter, die Halbhöhlen- und die Nischenbrüter.

Die Freibrüter

Zu den Freibrütern zählen Arten wie Amsel, Buchfink, Zaunkönig, Gimpel sowie viele andere. Sie bauen ihr Nest frei im Geäst eines Busches, eines Baums oder aber im Bodendickicht. Das Nest sollte von außen möglichst uneinsehbar und auch für Kletterkünstler wie Katzen, Eichhörnchen und Elstern unzugänglich sein. Daher gelten dichte stachelige Sträucher wie etwa Rosenbüsche und Berberitzen, aber auch üppiger Efeubewuchs als ideale Brutstätten.

Finken und andere Vögel wie die Drosselartigen brüten in Büschen und Bäumen, aber beginnen mit dem Nestbau bisweilen schon so zeitig im Frühjahr, dass noch gar kein Blattwerk ausgetrieben ist. Fehlender Sichtschutz vor den Blicken möglicher Nesträuber weckt allerdings Begehrlichkeiten, und so fallen die ersten Gelege nicht selten Elstern, Krähen und Eichhörnchen zum Opfer.

Auch Grünfinken errichten ihre Nester schon früh im Jahr, allerdings bevorzugen sie als Standorte dafür immergrüne Gehölze wie etwa Thujen, die unter Naturschützern nicht selten in Verruf geraten. Doch wenn Thujen nicht zu absolut naturfeindlichen undurchdringlichen grünen Mauern zurechtgeschnitten werden, sondern mit anderen Koniferen einen lockeren immergrünen Verband bilden, können darin zahlreiche Vögel ihre Nester verstecken. Die Gehölze sind üblicherweise dicht gewachsen, sodass die im Geäst errichteten Nester gar nicht erst in das Blickfeld zudringlicher Nesträuber geraten.

Die Höhlenbrüter

Höhlenbrüter wie beispielsweise Kohl- und Blaumeise, Sperling, Kleiber und Star sowie Halbhöhlen- oder Nischenbrüter wie Rotkehlchen, Rotschwänzchen und Schnäpper brauchen Höhlen und Nischen, um ihren Nachwuchs erfolgreich aufzuziehen. Da diese Strukturen in unserer Umwelt selten geworden sind, tun sie sich deutlich schwerer damit, geeignete Brutstätten zu finden.

Nicht nur die Landschaft im Allgemeinen, sondern vor allem auch unsere Gärten werden leider immer pflegeleichter gestaltet. Das Gleiche trifft auf den modernen Hausbau zu. Alles, was an einem Haus von Tieren jeglicher Art als Wohnraum besetzt werden könnte, wird entsprechend dicht gemacht. Mähroboter stutzen Rasen zu grünen Teppichen zurück, und die in Gärten mittlerweile so beliebten Kies- und Schotterflächen bilden für Kleintiere lebensfeindliche Todeszonen.

Immergrünes Gebüsch Grünfinken gehören zu den Arten, die ihr Nest bereits sehr zeitig im Frühjahr bauen. Meist wählen sie immergrüne Bäume wie die Thujen als Nistplatz. Die dicht gewachsenen Pflanzen verhindern, dass die Brutstätten in das Blickfeld möglicher Nesträuber wie Elstern, Krähen und Eichhörnchen geraten.

Blaumeise Bereits im zeitigen Vorfrühling beginnen die Blaumeisen mit der Balz. Nachdem alte Bäume mit geeigneten Höhlungen zum Brüten immer seltener werden, nehmen die kleinen Meisen künstliche Bruthilfen dankbar an. Sie sind dabei nicht besonders wählerisch. Der Nistkasten sollte innen eine Bodenfläche von 14 x 14 Zentimetern und ein Einflugloch mit 28 Millimeter Durchmesser aufweisen. Außerdem sollte der Kasten drei Meter über dem Boden angebracht sein – und schon ziehen die Blaumeisen ein.

Grünfink Die noch relativ häufig vorkommenden Grünfinken besuchen gern den Futterplatz. Das Männchen trägt ein kräftiger gelbgrün getöntes Federkleid als das Weibchen, das deutlich dezenter gefärbt ist. Im Verhalten tritt das Männchen dem Weibchen gegenüber dominanter auf.

Grünfink Manchmal brüten Grünfinken in lockeren Kolonien aus mehreren Artgenossen. Doch dann verhalten sie sich untereinander oft sehr zänkisch und liefern sich regelrechte Luftkämpfe. Richtig zur Sache geht es, wenn sich ein Nebenbuhler in ein bereits besetztes Revier wagt – dann können schon mal Federn fliegen.

Star Den Star allein an seiner Stimme zu erkennen ist sehr schwierig, da er häufig die Gesänge anderer Vögel nachahmt. So kann es durchaus vorkommen, dass man glaubt, ein Blesshuhn hoch oben im Baum zu hören – in Wirklichkeit singt da ein Star. Bei seiner Rückkehr aus dem Süden beherrscht dieser Meistersänger ein großes Repertoire an Stimmen von Vögeln aus exotischen Ländern. Sein Gesangsprogramm ist äußerst abwechslungsreich. Allem Anschein nach beeindruckt dies die Starenweibchen in besonderem Maße.

Kernbeißer Unter den heimischen Finken rangieren die Kernbeißer bei Auseinandersetzungen klar in der Schwergewichtsklasse. In der Regel werden als Waffen nur die Schnäbel eingesetzt, was bei dieser Größe aber ein gewaltiges Kaliber ist. Meist stellt sich schnell heraus, wer der Schwächere ist und das Feld zu räumen hat.

DER KLEIBER IN AKTION

Raus da, das ist mein Haus!

Zahlreiche Vögel brüten in Höhlungen von Bäumen oder in Mauernischen. Sperlinge gehören zu dieser Gruppe, ebenso wie viele Meisenarten und die Fliegenschnäpper. In der Regel ist auch bei den Singvögeln der Bedarf an geeigneten Objekten größer als das Angebot – passende Nisthöhlen sind schlicht Mangelware. Zum Zug kommt daher immer der Stärkere, das ist in der Natur ein gängiges Muster.

Der Kleiber ist sich seiner körperlichen Überlegenheit voll bewusst. Seine angeborene Aggressivität und Ungestümheit in Kombination mit seinem furchteinflößenden langen Schnabel bieten die besten Voraussetzungen, sich ohne größere Probleme mit anderen Interessenten einer Behausung anzulegen. Ein Sperling hat einen schönen Nistplatz gefunden und besetzt? Da wird nicht lange gefackelt. Ohne zu zögern, zieht der Kleiber den Sperling kurzerhand am Schwanz aus der Baumhöhle und wirft ihn an die frische Luft.

Anschließend bezieht der Kleiber die neue Behausung selbst – der Mieterwechsel ist somit vollzogen. Dem Sperling bleibt nichts anderes übrig, als sich dem Stärkeren gegenüber geschlagen zu geben und nach einem neuen passenden Nistplatz Ausschau zu halten.

Kleiber Drohen oder imponieren – der Kleiber kann Flagge zeigen. Kommt es zum Streit mit Rivalen oder Futterkonkurrenten, werden diese ohne Vorwarnung attackiert. Dabei breitet der Kleiber beim unmittelbaren Zusammentreffen für einen kurzen Augenblick seinen Schwanz fächerartig aus und lässt die weißen Spitzen der Schwanzfedern aufblitzen. Das geht so schnell vonstatten, dass es für einen Beobachter kaum erkennbar ist. Auch das Weibchen droht mittels Auffächern seines Schwanzes dem oft zu ungestümen Männchen – oder ist dieses Zeichen dann eher als Meisterstück der Verführung und Einladung zur Paarung (rechts) zu deuten?

Rotkehlchen In Mitteleuropa sind die Rotkehlchen Standvögel, während sie im nördlichen und östlichen Europa zu den Zugvögeln gerechnet werden. Mit Ausnahme der Brutzeit leben die hübschen Vögel das ganze Jahr über getrennt. Zur Paarungszeit fliegt das Weibchen die Reviere der Männchen ab und entscheidet sich, mit wem es seine Nachkommenschaft gründen will. Das Nest bauen Rotkehlchen in dichtem Gestrüpp, aber auch gern in einem von uns bereitgestellten Nistkasten für Halbhöhlenbrüter.

Haubenmeise Um sich an einem Pärchen der Haubenmeisen im Garten erfreuen zu können, muss man entweder am Rand eines Nadelwalds wohnen oder zumindest einen großen Nadelbaum im Garten stehen haben. Und selbst dann darf der Wald nicht weit entfernt sein, denn diese Meisen fliegen nicht gern über freies Land. Haubenmeisen brüten in Nistkästen für Höhlenbrüter.

Klappergrasmücke Ein noch größerer Glücksfall ist eine Brut der sehr scheuen Klappergrasmücken im Garten. Diese Vögel bauen ihr Nest bodennah in dichtem Gestrüpp. Den typischen Gesang haben wir des Öfteren vernommen, gesehen haben wir den Vogel aber immer nur gegen Abend an der Wasserstelle und da auch nur für einen kurzen Augenblick. Die Klappergrasmücke stand plötzlich am Becken, nahm ein paar Tropfen Wasser auf und war schnell wieder verschwunden.

Naturteich Unser Gartenteich ist so groß, dass er sein biologisches Gleichgewicht nach einer kurzen Anlaufzeit selbst regulieren kann. Zahlreiche Bewohner, vom Wasserfloh bis zum Molch, profitieren von diesem paradiesischen Lebensraum. Nur für Zierfische ist das Gewässer tabu – sie würden das natürliche Gleichgewicht durch Überdüngung zerstören. Der Teich ist die Kinderstube unzähliger Wasserinsekten, die unseren Gartenvögeln eine fast unerschöpfliche Nahrungsquelle bieten, und an den Uferbereichen finden sich Plätze zum Trinken und Baden. Ergänzend sei noch bemerkt: Mit einer Mückenplage haben wir kein Problem.

Elstern Die Rabenvögel leben in Monogamie. Das Männchen beteiligt sich nicht am Ausbrüten der Eier und Hudern der Küken, versorgt aber in dieser Zeit das Weibchen mit Nahrung. Außerdem verteidigt es das Nest gegen Feinde jeglicher Art.

NISTHILFEN IM GARTEN

Mit selbst gebauten Nistkästen Brutplätze bieten

Eine Möglichkeit, die Gartenvögel zum Brüten zu animieren, ist ein variantenreiches Angebot an Nisthilfen. Dabei gilt es zu bedenken, dass beispielsweise Kohlmeisen und andere Höhlenbrüter bei günstigen Witterungsbedingungen und ausreichendem Nahrungsangebot zweimal im Jahr brüten. Für die zweite Brut wollen sie – vermutlich aus hygienischen Gründen – nicht dieselbe Bruthöhle benutzen. Das bedeutet also, dass man für die verschiedenen Arten auch noch eine Zweitwohnung anbieten sollte. Da kann dann schon mal eine kleine Nistkastensiedlung entstehen.

Im Handel findet man für die einzelnen Arten passende Modelle in Hülle und Fülle. Die Auswahl ist groß, es gibt sehr zweckmäßige, zum Teil aber auch sehr kitschige Varianten – letztlich ist es sicherlich Geschmacksache. Unser Tipp: Wer über etwas Zeit und handwerkliches Geschick verfügt, hat mehr Freude daran, die Nistkästen selbst anzufertigen.

In unserem Garten haben wir auf einer Fläche von rund 50 Quadratmetern zahlreiche Nisthilfen installiert. Darunter gibt es einige bunt bemalte oder urig rustikale Brutmöglichkeiten, alles aus altem verwittertem Holz, weil das den Vögeln lieber ist als handelsübliche Neubauten. Das Ergebnis im vergangenen Jahr konnte sich sehen lassen und übertraf all unsere Erwartungen. Wir zählten je ein Pär-

Kohlmeise »Kohlmeisenmännchen, jung, dynamisch, kinderlieb, mit Haus in massiver Holzbauweise, sucht interessierte Braut.« Wer könnte da schon wiederstehen?

Nisthilfe Ein robustes, frisch gestrichenes weißes Häuschen, umgeben vom weiß-rosa Blütenmeer aus Magnolien – schöner könnte ein Nistplatz kaum sein.

chen Blaumeisen, Kohlmeisen, Feldsperlinge und Grauschnäpper, die unsere Nistkästen bewohnten, sowie Amseln und Mönchsgrasmücken unter den Freibrütern, die ebenfalls ein passendes Plätzchen gefunden hatten.

Rustikale Behausungen erwünscht

Wir sind mittlerweile dazu übergegangen, dass wir Standardvogelhäuschen mit einer naturnahen Dekofassade versehen. So hoffen wir, die Vogelpärchen zum Brüten in den Garten zu locken. Die Frontverkleidung lässt sich relativ einfach selbst herstellen. Das größte Problem dabei ist das Beschaffen eines passenden Frontstücks. Am besten hält man danach bei einer Wanderung in den Bergen oder im Wald Ausschau. Vielversprechend ist auch ein Spaziergang an einem Flussufer, wo man Schwemmholz findet. Holzteile, die durch die Kraft des Wassers ausgespült und geformt wurden, sind stabiler und robuster, denn alles, was zuvor weich an dem Stück war, wurde im Lauf der Zeit weggespült. Der übrige Rest – das Fundstück – zeichnet sich meist durch extreme Härte aus und kann somit von etwaigen Nesträubern nur schwer zerlegt werden. Bringt ein Vogelmännchen solch ein stabiles Haus in die

Partnerschaft mit ein, hat es schon fast gewonnen. Und für uns bedeutet dies, dass auch wir gute Erfolgsaussichten auf den Einzug eines gefiederten Sängers haben werden.

Ist ein passendes Frontstück gefunden, muss es an der Rückseite flach zugeschnitten oder gehobelt und dann auf das Frontbrett des Häuschens aufgeschraubt werden. Schließlich ist noch für eine durchgehende Öffnung zu sorgen. Das Ganze sieht nicht nur sehr schön aus, was das Fotografenherz höherschlagen lässt, sondern erfüllt auch die strengen Abnahmekriterien der Einzugswilligen. Viele Vogelweibchen prüfen nämlich an der Nisthöhle die Festigkeit des Einfluglochs. Mit heftigen Schnabelschlägen hacken sie rund um das Loch, um sich zu versichern, dass potenzielle Nesträuber nicht so leicht in das Häuschen eindringen können.

Um den gesamten Nistkasten noch sicherer vor Eierdieben zu gestalten, installieren wir üblicherweise noch eine zusätzliche Feindabwehr. Die meisten Nesträuber kommen aus der Luft, es sind Krähen, Elstern und Eichelhäher, die in der Regel auf dem Dach des Nistkastens landen. Mit ihren gewaltigen Schnäbeln versuchen sie, eine Schwachstelle zu finden und etwa morsches Holz aufzuhacken. Bei älteren, schon in die Jahre gekommenen Nistkästen schaffen die kräftigen Rabenvögel es zuweilen recht schnell, sich auf diesem Weg ein nahrhaftes Futter einzuverleiben. Um diesem

Einladende Vogelhäuschen Je nach eigener Vorliebe haben die Vögel in unserem Garten die Qual der Wahl: ein gemütliches Haus mit rustikalem Dach (links), ein eleganter Vierspänner für Spatzen (rechts), eine kleine weiße Villa im schützenden Weidenkranz (rechts unten).

Treiben Einhalt zu gebieten, bohren wir mehrere Löcher in das Holz auf der Dachseite und stecken einige dornenbewehrte Zweige hinein. Dieser Abwehrschirm hält den Bewohnern erfolgreich mögliche Eindringlinge aus der Luft vom Leib. Gegen vierbeinige Nesträuber, die sich vom Boden aus Zugang zum Nistkasten verschaffen könnten, empfiehlt sich die gleiche Methode, wobei die Dornenzweige entsprechend nach unten gerichtet sein sollten.

Voller Erfolg bei der Nistplatzwahl

Eine Kohlmeise in Wohnungsnot, aber einmal anders als sonst üblich: Eines unserer Kohlmeisenmännchen stellte sich offenbar die Frage: Nehme ich dieses schmucke Häuschen oder lieber jenes? Beide waren neu installiert, beide hatten eine schöne rustikale Naturholzfront und beide befanden sich in unserem Garten nur 25 Meter voneinander entfernt. Mit welchem Häuschen hätte er wohl bessere Chancen, eine Partnerin zu finden? Er flog von einem zum anderen, zwitscherte mal hier und mal dort sein Lied – was war das überraschende Ende dieser außergewöhnlichen Form der Partnersuche? Das Männchen hatte plötzlich zwei Bräute und als Folge davon doppelten Nachwuchs mit Futter zu versorgen. Den von der Natur vorgegebenen Auftrag der Arterhaltung hat es mehr als allgemein üblich erfüllt.

Reinigung der Nistkästen

Im Herbst sollte man die Nistkästen reinigen – so dachte man bisher, doch die Vogelschutzvereine raten dazu, dies bereits im Spätsommer durchzuführen. Später besteht die Gefahr, dass sich schon Winterschläfer eingerichtet haben. Zu diesen Nachmietern zählen nicht nur Bilche, sondern auch zahlreiche Insekten wie Nachtfalter, Florfliegen und Ohrwürmer.

ELTERNZEIT

Die Pflicht ruft

ELTERN SEIN DAGEGEN SEHR!

Alles im Dienst der Arterhaltung

In unserem Naturgarten haben wir auf einer Fläche von etwa 50 Quadratmetern mehrere Nisthilfen für Höhlen- und Nischenbrüter installiert. Insgesamt bilden sieben verschiedene Immobilien eine kleine Wohnsiedlung für unsere Gartenvögel – ein viel bestaunter Hingucker. Die Art der Nistkästen orientiert sich an den Bedürfnissen von Meisen, Schnäppern, Rotschwänzen und Sperlingen. Damit diese Behausungen auch unseren ästhetischen Ansprüchen genügen, wurden sie möglichst naturnah-rustikal, aber auch ein wenig dekorativ angefertigt. Selbst für die Freibrüter sind auf dieser Fläche reichlich Nistmöglichkeiten in dichtem und zum Teil auch immergrünem Bewuchs vorhanden. Amseln, Grasmücken und Finken finden hier ein Zuhause.

Als das Frühjahr fortschreitet, bemerken wir erfreut, dass mehrere Nester errichtet und die Nistkästen bezogen wurden. Herrschte anfangs noch geschäftiges Treiben rund um die Nistplätze, stellen wir plötzlich fest, dass sich in den vergangenen Tagen eine außergewöhnliche Betriebsruhe eingestellt hat. Was ist geschehen? Waren etwa die Katzen der Nachbarschaft unterwegs und haben ganze Arbeit geleistet? Wurden etwa klammheimlich die Nester geplündert?

Zum Glück nicht. Die Ruhe, die zu dieser Zeit einkehrt, ist vollkommen normal. Jetzt herrscht Brutzeit, und viele unserer gefiederten Freunde sitzen auf ihren Gelegen – im besten Fall bis zu 50 Prozent der im Garten ansässigen Vögel. Die eine Hälfte brütet, während die andere Hälfte den Partner, der auf den Eiern sitzt, und auch sich selbst mit Nahrung versorgt. Sollte der gerade nicht brütende Vogel das Männchen sein, hat er noch eine weitere wichtige Aufgabe zu erledigen: Durch das Vortragen arttypischer Gesangseinlagen hält er das Revier von Rivalen frei. Nun kommt es ganz besonders darauf an, sein gutes Territorium zu behaupten und alle Eindringlinge abzuwehren.

Extremer Nistplatz Ein Grauschnäpperpärchen wählt als Neststandort eine herzförmige Türdekoration aus und beweist dabei eine unglaubliche Anpassung an diesen extremen Lebensraum. Drei Parteien benutzen die Tür mehrmals am Tag. Während der Zeit des Türöffnens sucht der brütende Vogel einen Aussichtspunkt auf und wartet geduldig auf das Ende der Störung, um dann ganz selbstverständlich das Brutgeschäft fortzusetzen.

Nesthocker und Nestflüchter

Tierjunge unterteilt man in zwei Gruppen – in Nestflüchter und Nesthocker. Welcher Gruppe eine Art angehört, richtet sich nach dem Entwicklungsgrad bei der Geburt.

Sofort fluchtbereit

Die Küken der Nestflüchter, zu denen etwa die Hühner- und Entenvögel zählen, sind schon nach wenigen Stunden bereit, das Nest zu verlassen. Das ist möglich, weil die Eier doppelt so lange ausgebrütet werden wie die der Nesthocker. Folglich sind die Küken wesentlich weiter entwickelt. Sie öffnen kurz nach dem Schlüpfen die Augen, verfügen über ihre Sinne und können sich fortbewegen. Ebenso sind sie in der Lage, selbstständig Nahrung aufzunehmen. Sie müssen nicht gefüttert werden, doch was die Küken fressen können, zeigen ihnen die Eltern, indem sie mit ihrem Schnabel dorthin deuten, was genießbar ist. Droht den Jungen Gefahr, erfolgt eine akustische Warnung, was die Kleinen veranlasst, sich sofort zu ducken und reglos liegen zu bleiben. Die Kunst, sich

Blaumeise Der Papa ermuntert die Jungen, endlich das Nest zu verlassen. Hinter den beiden Zaudernden warten noch sieben weitere Jungmeisen auf den Sprung in die unbekannte neue Welt.

durch Flügelschlag vom Boden abzuheben und sich fliegend fortzubewegen, schauen sich die Jungvögel von den Eltern ab. Allerdings müssen sie vor dem ersten Flug durch wiederholtes Flügelschlagen an Ort und Stelle ihre Flugmuskulatur trainieren.

Hotel Mama und Papa

Ganz anders verhält es sich bei den Nesthockern, zu denen alle Singvögel zählen. Bei ihnen beträgt die Brutdauer 13 bis 15 Tage. Unter ungünstigsten Bedingungen – etwa bei starken Temperaturschwankungen, anhaltend schlechter Witterung oder wenn ein Partner verunglückt – kann sie sich bis zu vier Wochen hinziehen. Doch schließlich schlüpfen die Küken blind, nackt und relativ unbeweglich aus dem Ei. Ohne die Fürsorge der Eltern sind sie nicht überlebensfähig. Rund zwei Wochen lang werden sie von den Altvögeln gewärmt und gefüttert. So lange hocken sie im Nest, bis sie dieses schließlich als flügge Jungtiere verlassen können.

Dass die frisch geschlüpften Küken bei Hunger den Schnabel weit aufreißen, ist ihnen angeboren. Die kräftigen Farben im Schnabelinneren signalisieren den Eltern, so lange Futter in den Schlund hineinzustopfen, bis das Signal durch Schließen des Schnabels erlischt. Fehlt das Signal, weil das Junge satt ist, erfolgt keine Nahrungsübergabe mehr, und ein anderes Küken bekommt den Wurm. Sollte ein Junges längere Zeit zu schwach sein, um den Schnabel aufzureißen, wird die Fütterung eingestellt, und das Junge geht ein.

Welche weiteren Maßnahmen erforderlich sind, um zu überleben – wie man sich etwa bei Gefahr zu verhalten hat, indem man sich möglichst klein macht, oder wie man fliegt –, das wissen die Nesthocker instinktiv.

Blaumeise Endlich kommt Futter für den Nachwuchs! Die Suche der Blaumeise war wieder einmal erfolgreich, sie hat eine fette Raupe erwischt. Die Kupferverkleidung rund um die Einflugsöffnung soll Nesträuber weitgehend vom Eindringen in den Nistkasten abwehren.

Die kräftezehrende Betreuung

Kaum sind die Küken geschlüpft, nimmt das Vogelleben wieder Fahrt auf. An den Nistkästen und den Nestern der Freibrüter herrscht nun reges Treiben. Die Kleinen müssen mit Futter versorgt werden – eine wahre Herkulesaufgabe für die Eltern. Von früh bis spät fliegen sie aus, um Nahrung in Form von Insekten, Spinnen, Raupen und kleinen Würmchen herbeizuschaffen. Die Küken nehmen in diesem Stadium noch kein Körnerfutter auf – sie könnten es schlicht nicht verdauen. Die Vogeleltern, wie die verschiedenen Meisenarten, wissen das und bringen den Jungen proteinhaltige Lebendnahrung, während sie selbst Körner zu sich nehmen.

Für die Altvögel wird es allerdings immer schwieriger, Insektenfutter in ausreichender Menge aufzutreiben, da sich seit vielen Jahren ein massiver Rückgang an Insekten bemerkbar macht – auch in unseren Gärten. Ursache hierfür ist in erster Linie der immer noch anhaltende Pestizideinsatz in der Landwirtschaft. Trotz aller Aktivitäten, den weiter fortschreitenden Artenrückgang zu stoppen, nimmt das Aussterben der Insekten von Jahr zu Jahr immer dramatischere Ausmaße an – und zwar weltweit. Umso mehr sind nun also engagierte Vogelfreundinnen und -freunde gefordert, die strapazierten Vogeleltern durch das Anbieten passenden Futters zu unterstützen – und zwar unserer Meinung nach das ganze Jahr über.

Ganzjährig füttern oder nicht?

Vogelschutzorganisationen vertreten die Meinung, dass die Ganzjahresfütterung nicht viel bringt, weil so nur die 10 bis 15 am häufigsten vertretenen Arten erreicht werden, die auch im Winter von der Fütterung profitieren. Deren Bestandszahlen erweisen sich aber von Haus aus als recht stabil. Dieser Aussage widersprechen allerdings unsere Erfahrungen, die auf Beobachtungen in unserem Garten und bei Freunden, die ebenfalls ganzjährig zufüttern, beruhen.

Von Jahr zu Jahr nimmt die Anzahl der Vogelarten, die noch vor wenigen Jahren in den Gärten zu beobachten waren, spürbar ab. So sind etwa die Bestandszahlen von Grünfinken und den Gästen aus dem Norden, den Bergfinken, drastisch zurückgegangen. Stieglitz, Dompfaff und Kernbeißer gelten mittlerweile als absolute Raritäten. Nachbarn fragen uns vermehrt, wieso nur noch überwiegend braune Spatzen zu sehen sind, aber keine bunten Vögel mehr. Noch gravierender ist die Tatsache, dass immer häufiger verhungerte Jungvögel in den Nistkästen gefunden werden.

Den Artenschwund aufhalten

Durch eine gezielte Fütterung über das ganze Jahr hinweg könnte der Artenschwund vielleicht abgemildert werden. Zumindest haben wir das in unserem Garten beobachtet. Rückblickend auf die erste Brutsaison, in der wir

Feldsperling Junge Feldsperlinge waren im Frühsommer die erste neue Gartenvogelgeneration und im Spätsommer die letzte. Bei drei Brutvorgängen im Jahr ist das aber auch nicht verwunderlich.

durchgängig Futter angeboten haben, stellte sich heraus, dass unsere Erwartungen übertroffen wurden. Wir waren uns sicher, dass Blau- und Kohlmeisen sowie Feld- und Haussperlinge unsere Nisthilfen beziehen würden, freuten uns dann aber sehr, als auch Trauerschnäpper unse angebotenen Kästen annahmen. Ein Amselpaar war selbstverständlich im Garten vertreten, und auch die Mönchsgrasmücken bauten ihr Nest. Und zu unserer großen Freude hatte sich ein Schwanzmeisenpärchen zur Brut bei uns niedergelassen – mit positivem Ergebnis.

Im restlichen Teil des Gartens entdeckten wir noch weitere erfolgreiche Bruten, und zwar bei Rotkehlchen und Gartenrotschwanz. Und wir erlebten eine freudige Überraschung, nämlich zum ersten Mal eine erfolgreiche Brut bei den kleinen Zaunkönigen.

Im darauffolgenden zweiten Jahr mit praktizierter Ganzjahresfütterung wiederholte sich die erfolgreiche Bilanz – mit nur einer leider weniger erfreulichen Ausnahme: Die Hausrotschwänzchen waren nicht mehr mit von der Partie. Eine Tatsache, die auch andere Vogelfreunde festgestellt haben.

Grünfink »Na komm schon, trau dich nur«, scheint der Grünfink-Papa seinem noch sehr skeptisch wirkenden Nachwuchs sagen zu wollen. Doch es ist nicht so einfach, nach der Geborgenheit im Nest plötzlich mitten im Getümmel des Futterplatzes, wohin ihn der Altvogel geführt hat, die sprichwörtliche Finkenruhe zu bewahren. Doch der Jungfink wird schnell lernen, sich zu behaupten, und seinen durch die Natur vorgegebenen Weg gehen.

< Amsel Während das Weibchen brütend auf den Eiern ausharrt, bringt der Amselhahn regelmäßig einen Schnabel voll Futter vorbei.

> Amselnest In der Regel legt eine Amsel drei bis sechs Eier von blaugrüner Farbe ins Nest – von Februar an und bei guter Wetterlage und reichlichem Nahrungsangebot bis in den Juli hinein.

> Frisch geschlüpfte Küken Die ersten Nestlinge sind bereits geschlüpft. Ab April und Mai kann es möglich sein, dass die ersten noch nackten und blinden Küken in den Nestern liegen, wobei die Höhlenbrüter den Anfang machen. Die Freibrüter, deren Nester in Sträuchern und Baumwipfeln liegen, warten noch auf die Belaubung im Revier.

Mönchsgrasmücke Das Nest der Grasmücken liegt tief im Dickicht versteckt. Die Küken verharren flach geduckt in der Nestmulde und rühren sich kaum. Spüren sie jedoch, dass ein Elternvogel sich nähert, machen sie blitzschnell einen langen Hals und strecken ihre weit geöffneten Schnäbel dem entgegen, der da kommt, um Futter zu bringen. Ist der sich Nähernde nicht einer der Altvögel, gehen die Köpfchen sofort wieder nach unten.

Mönchsgrasmücke In der Regel landet einer der Elternvögel am Nest, um erbeutete Insekten in die signalroten Schnabelöffnungen zu stecken. Rund zwei Wochen dauern die Fütterungen, bis die jungen Grasmücken das Nest verlassen. Diese Aufnahmen stammen aus einer Zeit, als die Welt unserer Singvögel noch in Ordnung war. Mit zunehmendem Artenschwund haben verantwortungsvolle Naturfotografen darauf verzichtet, in Nestnähe zu fotografieren. Neuere Aufnahmen in diesem Buch wurden nur von mit uns vertrauten Arten und ohne jegliche Störung der Vögel gemacht.

< Rotkehlchen Entdeckt man im Frühling ein Rotkehlchen mit Futter im Schnabel, kann man sicher sein, dass es Nachwuchs bekommen hat. Die Vögel legen ihr Nest entweder im Dickicht eines Strauches oder in einer aufgehängten Halbhöhlen-Nisthilfe an.

> Hausrotschwanz Mit weit aufgerissenen signalfarbenem Rachen machen die Hausrotschwanzküken auf sich aufmerksam und wollen darauf hinweisen, dass sie riesengroßen Hunger haben.

> Rotkehlchen Das Paar wartet gemeinsam auf die erste Hinterlassenschaft der frisch geschlüpften Jungen. Jedes ausgeschiedene Kotbällchen muss umgehend aufgenommen und möglichst weit von der Bruthöhle weggebracht werden, um Nesträuber keinen Hinweis auf Beute zu geben.

< Mehlschwalbe Auch diese Schwalbenart ist ein Kulturfolger. Ihre Brutzeit erstreckt sich von Mitte Mai bis Mitte September. Vier bis fünf Eier werden bei der ersten Brut ausgebrütet, bei der zweiten nur noch drei bis vier Eier. Die Brutzeit dauert etwa 15 Tage. Die Zukunft der Mehlschwalben ist ähnlich düster wie die der Rauchschwalben. Die allgemeinen Umweltbedingungen und vor allem der Rückgang der Insekten setzen ihnen arg zu.

Feldsperling Der junge Feldsperling hat sich mächtig weit aus dem Fenster gelehnt. War es der Hunger oder das Verlangen, endlich die Enge des Nistkastens mit der großen Freiheit zu tauschen? Wahrscheinlich veranlasste beides den Jungspatzen zu dieser Akrobatik. Am Tag darauf wurde die Fütterung am allgemeinen Futterplatz im Garten fortgesetzt..

Kohlmeise Endlich naht die Ablösung! Ein Elternvogel verlässt soeben das Nest, während der andere gleich am Brutkasten landen wird. In seinem Schnabel befindet sich ein winziges Insekt, was darauf hindeutet, dass nach rund zwei Wochen Brutzeit das erste Junge geschlüpft ist. In der Regel legen Kohlmeisen sechs bis zwölf Eier. Die Nestlingsdauer beträgt etwa 20 Tage. Gebrütet wird ein- bis zweimal im Jahr.

DER KLEIBER IN AKTION

Was nicht passt, wird passend gemacht!

Der Kleiber wird auch Spechtmeise genannt, doch dieser Name ist irreführend, denn der Vogel ist weder mit den Meisen noch mit den Spechten näher verwandt. Was er mit diesen beiden Vogelgruppen gemeinsam hat, ist sein Bedarf an höhlenartigen Wohnräumen. In diesen verbringt er die Nächte und zieht seine Brut groß.

Um an so eine geeignete Behausung zu gelangen, verfährt er mitunter nicht gerade zimperlich mit den eigentlichen Mietern, wie wir auf Seite 76 gesehen haben: Er wirft sie kurzerhand hinaus und wird zum neuen Eigentümer.

Vielleicht ist dieses ausgesprochen robuste Naturell die Ursache dafür, dass die Bestandszahlen des Kleibers in den letzten Jahren um mehr als 50 Prozent zugenommen haben. Diese erfreuliche Entwicklung kann allerdings auch mit einer außergewöhnlichen Eigenart dieses Vogels zusammenhängen: Der Name des Kleibers kommt von dem Wort »kleben«. Mit einem speziellen Mörtel, den er aus Lehm vermischt mit seinem Speichel herstellt, klebt er als Einziger unter unseren Singvögeln die zu große Höhlenöffnung passgenau auf seine Größe zu. Nach dem Aushärten der Verstärkung rund um das Einschlupfloch wird Nesträubern der Zugang erschwert.

Kohlmeise Die halbwüchsigen Kohlmeisen halten es in der Baumhöhle nicht mehr aus, sie drängen hektisch nach draußen. Krampfhaft klammern sie sich unterhalb des Höhleneingangs fest. Warum? Am Horizont im Westen scheint ein Gewitter aufzuziehen – hängt das mit dem Verhalten der Meisen zusammen? Und schon fliegen sie gemeinsam ab. Die Altvögel, die bald darauf zurückkehren, wirken ratlos – es kommen keine Bettelrufe mehr von ihren Jungen. Nach ihnen fahnden können sie nicht mehr, sie müssen selbst Schutz suchen. Der Himmel öffnet seine Schleusen – es gießt wie aus Eimern, eine halbe Stunde lang. Die Kohlmeiseneltern ahnen wohl, was geschehen ist. Die Meisenkinder haben wir nicht mehr gesehen. Erst gegen Abend ertönt plötzlich ein einzelner, zarter Bettelruf. Die Altvögel fliegen sofort in diese Richtung und entdecken den verängstigten Jungvogel. Wenigstens einer hat das Unwetter überlebt. Oder waren da nicht noch weitere Rufe im Gebüsch?

Bachstelze Ganz überraschend taucht plötzlich ein Jungvogel mit grauem Gefieder und wippenden Schwänzchen an der Tränke auf – zweifelsfrei ein Junges der Bachstelzen, die offensichtlich unter den Dachziegeln ihr Nest gebaut haben. Eigentlich sollte diese Art auch »Dachstelze« heißen, denn bei uns hat sie dort oben schon öfters gebrütet. Allerdings waren die Bruten nicht immer erfolgreich. Allzu oft hatte die Elster das Nest entdeckt und geplündert.

< **Haussperling** Auch junge Hausssperlinge werden, wenn sie das Nest verlassen haben, noch einige Tage lang hingebungsvoll von ihren Eltern gefüttert.

> **Zaunkönig** Es hat Seltenheitswert, den winzigen Zaunkönig mit seinem Nachwuchs am Futterplatz zu sehen. Diese beiden hier ließen sich nur kurz blicken und verschwanden dann wieder im Gestrüpp.

Buntspecht Nur mit extrem viel Glück bekommt man einen Buntspecht mit einem seiner Jungen in freier Landschaft vor die Kamera, da die Spechte außerhalb der Höhle keinen bestimmten Anflugplatz haben. Wenn man aber einen naturnahen Garten angelegt hat, kann einem dieses Glück zuteil werden. Bei uns waren im Sommer zwei Buntspechte – Vater und Sohn – für einige Tage gern gesehene Gäste. Damit das Männchen mit dem knallroten Fleck hinten am Scheitel den Sohn nicht mit einem Rivalen verwechselt und ihn sofort verjagt, trägt der Junior das Rot auf seinem Scheitel ganz vorn. Leider hatte ein aggressiver Amselhahn den Jungspecht so vehement am Futterplatz angegriffen, dass die Spechte daraufhin für längere Zeit den Garten mieden. Vielleicht hatte der Amselhahn die Buntspechte als potenzielle Eierdiebe erkannt.

GANZJÄHRIG FÜTTERN

Unser Beitrag zur Arterhaltung

Aufgrund des immer dramatischer werdenden globalen Artensterbens unter den Insekten und Spinnen, für das letztlich wir Menschen verantwortlich sind, werden viele Vogelarten mangels Nahrung bei uns in wenigen Jahren ausgestorben sein. Mit unserem Einsatz und unserem Engagement gelingt es uns vielleicht, einige Arten wie etwa die Gartenvögel zu erhalten. Ein wichtiger Beitrag dazu kann sein, die Winterfütterung auf das ganze Jahr auszudehnen. Zugegeben: Es macht etwas Mühe, aber können Sie sich ein Frühjahr ohne Vogelgesang vorstellen? Es wäre jammerschade. Doch welches Futter sollte man den Vögeln anbieten und wo erhält man dieses?

Futterinsekten aus dem Fachhandel

Im gut sortierten Fachhandel sind verschiedene getrocknete Insekten erhältlich, darunter Mehlwürmer und Heimchen. Sie stellen zwar eine sehr proteinhaltige Ersatznahrung dar, doch nach unserer Erfahrung weigern sich so ziemlich alle Singvogeleltern, diese leblosen, trockenen »Röstis« an ihren Nachwuchs zu verfüttern. Lediglich die Haussperlinge haben bei uns zugegriffen. Selbst Versuche mit Befeuchtung durch den Wassersprüher oder Aufrühren in der Pfanne mit Öl sind fehlgeschlagen.

Futtervarianten Getrocknete Mehlwürmer hat nur der Hausspatz an seine Jungen verfüttert (links oben). Die Raupen der Kohlweißlinge lassen sich in einem Kohlbeet leicht züchten und stellen eine optimale Nahrung für Jungvögel dar (links).

Kohlmeise Hier wurde richtig fette Beute gemacht – nun aber schleunigst zurück ins Nest. Die hungrigen Küken warten sicher schon auf Futternachschub.

Eine wesentlich bessere und erfolgreichere Alternative ist es, verschiedene lebendige Insekten im Zoofachhandel zu kaufen. Man erhält beispielsweise Mehlwürmer, die übrigens gar keine Würmer, sondern die Larven der Mehlkäfer sind. Sie werden üblicherweise zum Verfüttern an Reptilien angeboten. Um sie aufzubewahren, verwendet man am besten eine Plastikwanne mit glatten Innenwänden, an denen die Larven nicht hochkrabbeln können. Den Boden bedeckt man mit leeren Eierkartons, sodass die Luftzirkulation am Boden ermöglicht wird.

Solange diese Insekten im Larvenstadium verfüttert werden, also sich noch nicht in Käfer verwandelt haben, können sie auch nicht aus dem Plastikbehälter entkommen. Als Futter gibt man den Käferlarven altes Brot sowie zusätzlich etwas Obst und Gemüse wegen der Mineralien und Vitamine, von denen indirekt dann auch die Vögel profitieren.

Alternativ kämen noch lebende Wachsmotten und Heimchen infrage. Man erhält sie ebenfalls im Zoofachgeschäft, doch beide sind so lichtscheu, dass sie sich draußen auf dem Futterplatz umgehend verstecken werden. Die Vögel finden sie daher nur sehr schwer.

Futterinsekten selbst züchten

Eine lohnende, aber aufwendige Alternative ist es, Futterinsekten selbst zu züchten. Wer genug Platz im Garten hat, kann durch geeigneten Gemüseanbau günstige Voraussetzungen für eine Raupenzucht schaffen – Raupen bilden das ideale Vogelfutter. Mit etwas Glück und gärtnerischem Einsatz schafft man so eine nachwachsende Nahrungsquelle für Jungvögel.

Bedauerlicherweise leiden Raupen vielerorts unter ihrem schlechten Ruf – völlig zu Unrecht übrigens. Man sollte sie nicht mit allen Mitteln bekämpfen, denn sie sind nicht die Schädlinge im Garten schlechthin, wie häufig behauptet wird, sondern es handelt sich um nichts anderes als die Larven der sonst so beliebten Schmetterlinge. Deshalb sollte man sich bewusst sein: Wer Raupen vernichtet, tötet die Kinder der Schmetterlinge. Für die Nahrungskette in der Natur bedeutet dies, dass man – vielleicht unbewusst – Vogelkindern Nahrungsquellen entzieht, denn die dicken Raupen bilden neben Spinnen, Käfern und Fliegen den Großteil der Jungvogelnahrung.

Kohlanbau im Hochbeet Raupenzucht statt chemischer Keule: Wir sollten den Raupen die Kohlblätter überlassen, damit die Meisenküken leben können – zum Dank singen uns die Meiseneltern eine Extrastrophe.

Kohlmeise Auf der Suche nach kleinen Käfern zerlegen die Kohlmeisen die Blütenknospen der Zierkirsche mitunter so intensiv, dass die übliche Blüte im Mai deutlich geringer ausfällt.

Wir haben allerdings beobachtet, dass sich nicht alle Raupen gleichermaßen als Vogelfutter eignen. Unser Tipp: Züchten Sie die Raupen von Kohlweißlingen. Diese Schmetterlingsart ist nicht vom Aussterben bedroht und stellt als Raupe eine ideale energiereiche Nahrung dar.

Am besten errichtet man dazu ein Hochbeet, in dem das Gemüse angebaut wird. Es bietet gleichzeitig den Vorteil, dass der Schneckenbefall minimiert wird. Wer Kohlarten oder andere Kreuzblütengewächse in seinem Beet zieht, lockt wahrscheinlich Kohlweißlinge in den Garten. Um die Eiablage brauchen wir uns keine weiteren Gedanken zu machen, dafür sind die Falter zuständig – und so arbeitet die Natur ganz bequem bei unserem Projekt mit.

Nicht jede Raupe schmeckt

Wie schön wäre es, wenn alle Raupen im Garten von den Vögeln verspeist würden. Könnten wir doch damit ganz bequem einige Schädlinge loswerden. Aber dem ist leider nicht so. Unsere Kiefer ist seit Jahren von den Larven der Kiefernblattwespe befallen, die zwar wie Schmetterlingsraupen aussehen, von unseren Meisen aber verachtet werden. Selbst ein Anbieten der Larven in einer Futterschale konnte sie nicht überzeugen. Inzwischen wissen wir, dass sie penetrant nach Terpentin schmecken sollen.

Ein anderer Versuch mit den zurzeit grassierenden Raupen des Buchsbaumzünslers scheiterte ebenfalls, auch sie wurden von den Vögeln verschmäht. Zumindest dachten wir das, da wir nie einen Vogel mit so einer Raupe davonfliegen sahen. Doch sind diese Raupen wirklich ungenießbar oder nur eine ungewohnte Kost? An unserem Futterplatz steht ein Buchsbaum, der von Zünslerraupen befallen ist. Die Spatzen flogen ein und aus, und der Buchsbaum wuchs dennoch. Innerhalb weniger Wochen waren die Raupen verschwunden.

JUGENDZEIT

Früh übt sich ...

VON RABAUKEN UND GENIESSERN

Eine neue Generation erobert den Garten

Ab dem Moment, an dem die Jungen das Nest verlassen, werden sie noch einige Tage weiterhin von ihren Eltern gefüttert. Doch irgendwann ist auch die schönste Kinderzeit zu Ende, und für die Jungvögel beginnt der Ernst des Lebens. Von diesem Zeitpunkt an sind sie auf sich allein gestellt und müssen nun selbst zurechtkommen. Es werden harte Monate für sie sein – in der Tat überlebt nur jeder vierte Jungvogel das erste Jahr.

Futterquellen erschließen

Das Wichtigste für die total unwissenden und unerfahrenen Kleinen: Wie wird man satt und woher bekommt man das, wodurch man satt wird? Nun steht kein Altvogel mehr parat, der auf das Schnabelaufreißsignal hin automatisch etwas Feines in den Schlund hineinstopft. Um Nahrung zu finden, heißt es jetzt, selbst nach Fressbarem Ausschau zu halten. Doch die wichtigste Nahrungsquelle, die Insekten, sind selten geworden. Wo also suchen? Zuerst wird die nahe Umgebung inspiziert. Gibt es bei dieser Erkundung irgendwo einen Platz, an dem sich bereits mehrere Jungvögel eingefunden haben, weckt das natürlich das Interesse.

Die Stellen, an denen es für zahlreiche Vögel Nahrung gibt, sind in der Regel die Futterplätze in von Menschen bewohnten Gärten. Überall dort, wo viele Vögel versammelt sind, gesellt sich auch der Nachwuchs gern hinzu. An den Futterspendern kann man jetzt am Beispiel der Sperlinge gut erkennen, dass die schon einige Tage älteren Jungvögel durch das Beobachten der Altvögeln gelernt haben, von den Meisenknödeln Bröckchen für Bröckchen abzuzwicken und zu fressen.

Nur wer wagt, gewinnt

Etwa zwei bis drei Wochen lang verhalten sich die Jungspatzen zunächst vorsichtig und schüchtern. Diszipliniert stellen sie sich an der Futterstelle in den hinteren Reihen an und warten darauf, dass der Platz frei wird. Doch bald machen sie die Erfahrung, dass sie sich gegenüber den übrigen Jungvögeln durchsetzen müssen, um bei der Nahrungsbeschaffung nicht den Kürzeren zu ziehen. Wer zaudert, wird auf Dauer verhungern.

Mit zunehmendem Alter und gesteigertem Selbstvertrauen werden aus niedlichen Vogelkindern ruppige und respektlose Rowdys, die

selbst die eigenen Eltern von der Futterquelle vertreiben. Je frecher der Spatz, desto größer die Überlebenschance.

Kann es möglich sein, dass dieses Verhalten eine Folge der Sommerfütterung ist? Das könnte durchaus stimmen, denn im natürlichen Ablauf bilden sich kaum solche Großgesellschaften von Jungvögeln. Ähnlich ruppig geht es nur bei den Koloniebrütern wie den Flamingos oder Pinguinen zu.

Futterplätze dezentralisieren

Natürlich freuen wir uns, wenn sich möglichst viele Vögel am Futterplatz in unserem Garten einfinden, zeigt es doch, dass wir einen kleinen Erfolg im Kampf gegen das Artensterben erreicht haben. Aber Stress und Raufereien unter unseren gefiederten Freunden wollen wir keinesfalls fördern. Daher lautet das Zauberwort: Futterquellen dezentralisieren, sofern dies aus räumlichen Gründen machbar ist. Zwei oder drei weitere kleine Futterplätze im Garten einzurichten und natürlich auch dort eine Wasserschale aufzustellen sollte das Problem lösen.

Feldsperling Artig sitzen mehrere junge Feldsperlinge, erkennbar an den hellen Schnabelwurzeln, in respektvollem Abstand zu den schon etwas größeren Jungspatzen und beobachten sie beim Fressen. Doch bald wird jeder von ihnen lernen, dass man als kleiner Spatz für seinen Futteranteil kämpfen muss, um satt zu werden.

Blaumeise Zurzeit grassiert eine Bakterienkrankheit unter Blaumeisen, Tausende sind bereits an den Folgen gestorben. Daher sollten Wasserbecken und Futtergefäße täglich mit kochendem Wasser gereinigt werden.

Splish Splash – Zeit für Wellness

Nach der harten Winterzeit beziehungsweise dem überstandenen Rückflug aus Südeuropa oder gar aus Afrika bringen unsere Gartenvögel die aufregende Zeit der Partnersuche und Paarung hinter sich. Schnell ein Nest bauen, dann Eier ablegen, zwei Wochen lang bebrüten und zwei weitere Wochen Futter herbeischaffen, was das Zeug hält – sofern es überhaupt in ausreichendem Maße vorgefunden werden kann.

Dieses ganze Programm bedeutet Schwerstarbeit für die Vogeleltern. Sind die Vogelkinder schließlich aus dem Nest und sorgen fortan für sich selbst, kommt die Zeit der Freuden für die Altvögel. Mit ihrem abgemagerten kleinen Körper und dem zerzausten Federkleid können sie sich nun endlich um ihr eigenes Wohl kümmern, sich nach Kräften stärken und sich vor allem der gründlichen Gefiederpflege widmen.

Es kann allerdings sein, dass diese Zeit der Wonne nur allzu kurz währt, da es mehrere Arten gibt – allen voran die Kohl- und Blaumeisen –, die die Strapazen des Brutgeschäfts sogar zweimal auf sich nehmen, die Sperlinge mitunter sogar dreimal. So ein Vogelleben kann ganz schön hart sein!

Nur diejenigen, die weniger häufig brüten, können es jetzt ruhiger angehen lassen. Die Männchen haben es nicht mehr nötig, wegen der Nebenbuhler jede freie Minute ein Liedchen zu trällern. Was jedoch gut die Hälfte unserer Vögel langsam in Angriff nimmt, ist die Vorbereitung auf ihre bevorstehende Reise in den Süden. Rund fünfzig Prozent unserer gefiederten Freunde sind Zugvögel, die uns im Spätsommer oder Herbst verlassen.

Das richtige Vogelbad

Um ihr Wohlbefinden sicherzustellen, benötigen Vögel, genauso wie wir Menschen auch, das ganze Jahr über Wasser – zum Trinken und zum Baden. Es bedarf allerdings keiner zwei separaten Behälter dafür. Ein Becken mit täglich frischem Wasser reicht völlig aus. Während ein Vogel badet, löscht ein anderer seinen Durst und umgekehrt.

Als Wassergefäß genügt eine Keramik- oder Tonschale wie zum Beispiel ein Topfuntersetzer ohne Abflussloch. Bei hochglasierter Oberfläche kann es sein, dass die Vogelfüße keinen Halt finden und abrutschen. Je nach Oberflächenbeschaffenheit bildet sich im Sommer leicht unangenehmer Algenbewuchs, dann muss man eventuell den Wasserbehälter wechseln. Die Wassertiefe sollte rund zwei bis fünf Zentimeter betragen. Um Krankheitserreger fernzuhalten, sollte beim Wasserwechsel auch das Becken gereinigt werden.

Eine frei stehende Wasserstelle in etwa eineinhalb Meter Höhe erschwert es Katzen, sich heimlich anzuschleichen. Der Sperber hat dann allerdings von Weitem schon die Möglichkeit, seine Beute anzuvisieren. Bei uns im Garten steht die Badeanstalt deshalb nicht frei im Gelände, sondern kombiniert mit dem Futterplatz im Schutz einer stachelbewehrten Trutzburg in Form einer gewaltigen Berberitze. In einem großen Garten oder bei starkem Andrang gefiederter Badegäste sollten noch weitere Wasserbehälter aufgestellt werden.

Neben dem Durstlöschen ist die Pflege des Gefieders für die Vögel von großer Wichtigkeit. Nur ein gut gepflegtes Federkleid erhält die volle Flugfähigkeit. Übrigens schätzen auch Jungvögel die wilde Planscherei. Mit Begeisterung stürzen sie sich ins kühle Nass und spritzen nur so um sich. Dass dann so manch drolliger Anblick eines pitschnassen Vogelkinds unser Herz erfreut und für wunderbare Fotomotive sorgt, ist unsere schönste Belohnung.

Spatzen und andere Singvögel nehmen gern ein Sandbad zur zusätzlichen Gefiederreinigung. Durch das Flattern im Sand werden Parasiten und abgestoßene Gefiederteilchen aus dem Federkleid geschüttelt. Manchmal sieht man auch Vögel mit weit gespreiztem Gefieder in der Sonne liegen – zuweilen bei Temperaturen über 30 °C. Ob dabei nur Parasiten aus den Federn vertrieben oder bewusst Wärme getankt werden soll, ist nicht ganz geklärt.

Feldsperling und Buntspecht Der Hunger ist stärker als die Angst vor dem dicken Specht. Die Spatzenjungen wagen sich vorsichtig an den Meisenknödel und versuchen, ein wenig von den Leckereien zu erhaschen. Der unten hängende Buntspecht ist ebenfalls noch sehr jung und unerfahren. Es liegt Spannung in der Luft – was soll er machen? Vor der Übermacht fliehen oder seinen Spechtknödel verteidigen?

Feldsperling Mehrere Feldsperlinge raufen sich um das Futter. Aus schüchternen Jungspatzen werden nach und nach tapfere Kämpfer, die innerhalb kurzer Zeit gelernt haben, sich durchzusetzen und ihre Interessen zu vertreten. Mutig stürzen sie sich in die Rangeleien mit Artgenossen, wenn es darum geht, Leckereien zu erobern.

Haussperling Dreistigkeit gewinnt. Die Haussperlinge sind etwas größer als die verwandten Feldsperlinge und bedeutend frecher. In der Regel trifft man in Biergärten auf diese Spatzenart. Es sind die Haussperlinge, die todesmutig und blitzschnell die Brotzeit vom Teller der Menschen stiebitzen.

Haussperling Nicht nur die Männchen können imponieren und sich groß machen. Auch die Spatzendamen zeigen sich kämpferisch, wenn es darum geht, eine Delikatesse zu ergattern, die ein anderes Weibchen ebenfalls gern hätte.

DER KLEIBER IN AKTION

Jetzt kannst du was erleben!

Kaum sind die Jungspatzen im Garten herangewachsen, machen auch sie sich am zentralen Futterplatz breit. Das Kleibermännchen ist selbstverständlich der Meinung, dass alles, was dort vorhanden ist, ihm als »Chef« in der Rangordnung zustehe – die anderen hätten zu warten, bis er seine Siesta halte. Doch auch die Spatzenschar will schnellstmöglich satt werden, was zwangsläufig zu der einen oder anderen Keilerei führt. Und dann wird es spannend.

Der Streit um das Körnerfutter führt schnell dazu, dass die jungen Spatzen das Format kleiner Elitekämpfer bekommen. Innerhalb weniger Tage entwickeln sie so viel Selbstvertrauen, dass sie es immer öfter wagen, dem tyrannischen Kleibermännchen Paroli zu bieten. Und so ändern sich tatsächlich die Rollenverteilung und die Hackordnung, denn auf einmal muss der Kleiber warten, bis die Spatzen endlich den Futterplatz frei geben. Aus einer ängstlichen Spatzenkinderschar ist eine selbstbewusste, freche neue Generation geworden.

Mit der Zeit stellt sich ein friedliches Gleichgewicht ein. Das Kleibermännchen spielt sich ab und zu noch ein wenig auf, aber ansonsten herrscht Frieden, und selbst die Insektenfresser steuern nun, wie im Spätsommer üblich, wieder den Futterplatz an.

Zilpzalp und Kleiber Der Zilpzalp sieht skeptisch in die Wasserschale. Normalerweise ist dieser unruhige Geist der Badefreund schlechthin. Auch der Kleiber scheint ratlos zu sein. Wo ist bloß all das schöne Badewasser hin? Soeben war die Schale noch gut gefüllt, und jetzt ist sie fast leer. Liegt es an der Spatzenbande, die vor wenigen Minuten noch nach Herzenslust und sehr verschwenderisch darin herumplanschte?

Zilpzalp und Mönchsgrasmücke Einen Versuch kann man ja wagen, hat sich der kleine Zilpzalp wohl gedacht, als er der Grasmücke auf den Rücken sprang. Doch die beherzte Attacke war vergeblich. Das Grasmückenweibchen ließ den Kleinen voll abblitzen und sich nicht weiter in seinem Tun beirren.

Kleiber Da hatte wohl einer großen Durst. Dem Kleiber tropft noch das Wasser aus seinem Schnabel – hat er ihn wohl zu voll genommen?

> **Mönchsgrasmücke** Mag sich der wilde Kleiber mit einigen Tröpfchen als Erfrischung zufrieden geben – die Mönchsgrasmückendame bevorzugt da schon eher ein ausgiebiges Ganzkörperbad.

Elster Sobald sie von ihren Eltern nicht mehr gefüttert werden, sind die Jungvögel auf sich allein gestellt. Um Nahrung zu finden, müssen sie sich von nun an selbst umschauen. Elstern sind von Natur aus sehr neugierig, besonders die Jungvögel. Sie zählen zu den Ersten, die ausgiebige Ausflüge in die Umgebung unternehmen und alles genauestens untersuchen. Gibt es bei dieser Erkundung irgendwo einen Platz, an dem sich bereits mehrere Jungvögel eingefunden haben, weckt das auch ihr Interesse.

Schwanzmeise Eine absolute Seltenheit im Garten sind erfolgreiche Bruten von Schwanzmeisen. Ihr kugeliges Nest aus Moos und Spinnfäden, die kunstvoll und stabil ineinander verschlungen sind, fanden wir in einem Wacholderbusch. Und eines Tages saß dann auch ein kleines Federbällchen auf dem Dach unserer Scheune.

< >**Hausrotschwanz** Mehrere Jungvögel des Hausrotschwanzes sind nach dem Ausfliegen offensichtlich noch gern im Garten. Am Teich finden sie reichlich Insektennahrung, Wasser zum Trinken und Baden gibt es ebenfalls in Hülle und Fülle. Im Herbst ziehen die Vögel dann in den Süden.

Kohlmeise Junge Kohlmeisen haben im ersten Federkleid einen zartgelben Farbüberzug über Vorder- und Rückseite. Ebenfalls ein Erkennungsmerkmal ist die für Jungvögel typisch hellfarbige Schnabelwurzel.

<< **Sperlinge** Offensichtlich ein Hochgenuss im Hochsommer: das Bad in der Menge. Haus- und Feldspatzen scheinen großen Spaß an diesem Gemeinschaftserlebnis zu haben. Je voller, desto toller – doch wehe, wenn der Sperber zufällig auch ans Wasser möchte ...

Feldsperling und Blaumeise Spatz und Meise nach dem ersten Vollbad: Im Allgemeinen sollte man annehmen, dass eine gründliche Reinigung der Schönheit förderlich ist, aber wie die Venus nach dem Bade sehen diese beiden eher nicht aus.

Rotkehlchen Was ist denn das für eine Vogelart? Erst auf den zweiten Blick erkennt man anhand der roten Federn auf der Brust, dass es sich um zwei junge Rotkehlchen handelt. Diese deutliche Abgrenzung zum Gefieder der Altvögel ist sehr wichtig. Würden die Brustflecke leuchtend orange sein, könnte der Rotkehlchenvater seinen Nachwuchs mit Nebenbuhlern verwechseln und würde sie dann sofort aggressiv bekämpfen.

Hausrotschwanz Der Jungvogel hat schon ein prächtiges rotes Schwänzchen, das durch das Wasser breit aufgefächert wird. Hier nimmt der Vogel sein Bad an einer flachen Uferstelle im Gartenteich.

Rotkehlchen Absolut kein Langschläfer ist das Rotkehlchen. Bereits 50 Minuten vor Sonnenaufgang fängt es an, uns mit seinem Gesang zu erfreuen. Es hat somit vor den Langschläfern einen Zeitvorsprung bei der Morgentoilette und kann in aller Ruhe das freie Badebecken genießen. Auch am Abend ist das Rotkehlchen länger als die meisten Gartenvögel aktiv und oft noch in der Dämmerung ein später Gast beim Wasserplanschen.

Kleiber Eher selten zu beobachten: zwei Kleiber gemeinsam beim Baden. Besonders das Männchen ist lieber allein – nicht nur dort, wo es etwas Nahrhaftes zum Futtern gibt, sondern auch an der Wasserstelle zum Trinken und Baden.

< Blaumeise Ein Bad in der Menge scheut die Blaumeise keinesfalls, aber für einen erholsamen Wellness-Genuss ist sie auch zu haben. Wenn ihr danach zumute ist, begibt sie sich in einen abseits liegenden Whirlpool und hält sich ganz ruhig, damit kein Störenfried auf sie aufmerksam wird.

> Vogeltränke Wenn die Sonne vom Himmel brennt, ist es sehr wichtig, dass die Gartenvögel ihren Durst löschen können und ausreichend Wasser zum Baden bereitsteht. Durch das leidenschaftliche Geplansche kann es vorkommen, dass das Wasser plötzlich knapp wird. Mehrere Badestellen im Garten verteilt tragen sehr zum leiblichen Wohl der Vögel bei. Ein fast leeres Becken dagegen führt schnell zu Stress und Frust.

Zaunkönig und Kohlmeise Vögel, die bei Temperaturen von mehr als 30 °C mit weit ausgebreiteten Flügeln regungslos am Boden liegen, sind nicht etwa krank oder verletzt. Vielmehr genießen sie ein Sonnenbad, wie der Zaunkönig (oben) und die Kohlmeise (rechts oben). Auf diese Weise vertreiben sie Parasiten aus den Federn und halten das gesamte Gefieder geschmeidig. Auch nach dem Bad wird das Federkleid erst einmal getrocknet.

Trockenbiotop im Naturgarten Ein spezielles Biotop mit Sand und Rieselflächen sowie ein Steingartenbereich (nicht zu verwechseln mit den zurzeit so trendigen Schotterebenen) sollte in keinem Naturgarten fehlen. Vor allem Sperlinge verspüren oft das Bedürfnis, im Sand zu baden. Im Gegensatz zu einem Bad im Wasser wird dabei überschüssiges Fett aus dem Gefieder entfernt. Die Spatzenbande bemerkt sehr schnell die Sandflächen im Trockenbiotop und besucht diese regelmäßig.

SCHUTZ VOR VIELEN GEFAHREN

Das Feindesheer in Schach halten

Besonders die unerfahrenen Jungvögel sind in den ersten Wochen ihres Lebens zahlreichen Bedrohungen ausgesetzt, und auch viele Altvögel fallen Fressfeinden zum Opfer. Die Gefahr ist vielfältig, denn das Übel lauert am Boden und aus der Luft.

Die größte Gefahr am Boden stellen Hauskatzen dar. Es ist in erster Linie ihr angeborener Jagdtrieb und nur selten Hunger, der sie zur Vogeljagd verleitet. Katzenfreunde argumentieren dann gern: »Da kann man nichts machen, das ist ihre Natur.« Aber in der freien Natur kommt auf 3000 Hektar Fläche nur eine Wildkatze. Und natürlich streifen dort niemals so viele Katzen umher wie in den Gartenanlagen einer Wohnsiedlung. Der Verlust von Singvögeln durch die Haustiger ist gewaltig.

Lebensgefahr aus der Luft

Allerdings fürchten die Gartenvögel auch Feinde aus der Luft, wie etwa Greifvögel. Und die freuen sich besonders über frei stehende Futterplätze, die ihnen eine gute Gelegenheit bieten, sich dort ihre Mahlzeit abzugreifen. Von den Kleinvögeln meist unentdeckt, lassen sie sich aus großer Höhe blitzschnell vom Himmel fallen oder schießen, jede Deckung nutzend, plötzlich hinab. Zu den gefährlichsten und erfolgreichsten Jägern dieser Sorte zählen etwa Sperber und Habicht.

Sichere Trutzburg Die kleinen Gartenvögel flüchten sich zum Schutz vor Feinden gern in stachelbewehrte Sträucher wie Rosen, Weißdorn und Berberitze.

Gefiederte Feinde Die Aaskrähe ist ein gefürchteter Nesträuber (rechts). Gelegentlich kommt auch ein Nachtgreif wie die Waldohreule in den Garten (rechts unten).

Der Sperber gehört zu den Taggreifen und ist der natürliche Feind aller Vögel bis hin zur Größe einer Türkentaube. Der absolute Spezialist der Vogeljagd stößt aus dem Hinterhalt blitzschnell auf sein Opfer zu und tötet es mit seinen langen Krallen. Falkner bezeichnen Sperber und Habicht daher als Grifftöter. Im Gegensatz zu diesen stehen etwa die Falken, die Bisstöter sind, weil sie ihre Beute dank des speziell geformten Schnabels mit einem Biss ins Genick erlegen. Allerdings müssen wir uns im Garten in der Regel keine Gedanken über den tödlichen Besuch eines Falken machen. Er jagt bevorzugt draußen auf dem freien Feld.

Aber es gibt noch weitere Feinde aus den Reihen der Gefiederten, allen voran Rabenkrähen, Elstern und Eichelhäher. Diese drei haben nicht nur Kleinvögel zum Fressen gern, sondern sind berüchtigte Nesträuber. Besonders die Elstern gelten als Spezialisten im Aufspüren von Vogelnestern. Akribisch suchen sie im Garten alle Nischen und Spalten nach Nestern ab. Allein die riesigen Schnäbel der Rabenvögel flößen den kleinen Gefiederten einen gehörigen Respekt ein.

Als weitere Bedrohung aus der Luft gilt die Waldohreule, die zuweilen nachts im Garten auftaucht. Typisch für sie ist ihr ohrförmiger Federschmuck auf dem Kopf, der sie unverkennbar macht. Die absolut lautlose und elegante Jägerin beobachtet tagsüber seelenruhig ihre potenzielle Beute und passt genau auf, wohin diese sich zur Nachtruhe zurückzieht – nur um ihr dann bei Dunkelheit einen Besuch abzustatten, sofern es die lokalen Gegebenheiten erlauben. Vor allem kleinere Singvogelarten passen in das Beutespektrum der Eule. Am häufigsten fängt sie Sperlinge und Grünfinken.

Schön, flink, gefährlich sucht ...

Und dann gibt es da noch die Hübschen und Possierlichen, deren Anblick uns eigentlich

Eichhörnchen Possierlich und nett, aber nicht unbedingt willkommen im Garten: Eichhörnchen sind dafür bekannt, dass sie sich an Vogelnestern vergreifen.

Sperber Hauptfeind der Gartenvögel ist der Sperber. Wenn er Hunger oder Junge zu füttern hat, holt er sich seine Beute. Hier war wohl ein Buchfink zu langsam.

erfreut. Wer staunt nicht über die sprunggewaltigen Eichhörnchen, die mit atemberaubenden Sätzen durchs Geäst flitzen. Wäre da bloß nicht ihr schlimmer Ruf als Eierdieb und Kükenkiller. Wir mögen sie und fürchten gleichzeitig um unsere Singvögel. Vielleicht würden Eichhörnchen ihre Ernährungsgewohnheiten ändern, wenn sie sich an einem leckeren Nussmenü am Vogelfutterplatz laben könnten – und hätten dann einfach keine Lust mehr auf Vogeleier und Nestlinge. In unserem Garten versuchen wir unser Glück mit dieser Strategie und haben insofern Erfolg, als die kleinen Nager nur in der kalten Jahreszeit am Futterplatz auftauchen. Das übrige Jahr lassen sie sich kaum im Garten blicken, auch nicht zur Brutzeit der Vögel.

Sicherheit am Futterplatz

Angesichts dieser großen Feindesschar ist es in einem vogelfreundlichen Garten sehr wichtig, den Vögeln optimale Schutz- und Rückzugsmöglichkeiten zu bieten. Dazu zählt in erster Linie die richtige Standortwahl des Futterplatzes. Als Mindestanforderung gilt, dass Katzen keine Möglichkeit haben sollten, sich unbemerkt anzuschleichen oder sich im Hinterhalt auf die Lauer zu legen. Die Futterstelle sollte sich mindestens 1,50 Meter über dem Boden befinden, damit die Minitiger die Vögel nicht beim Fressen anspringen können.

Wir haben den Futterplatz direkt neben einem großen Strauch angelegt. So brauchen die hungrigen Vögel nur vom Strauch in die Futterschüssel zu springen und wieder zurück, hin und her. Dieser Strauch dient ihnen als sichere Festung, als Bollwerk gleichermaßen gegen alle Katzen und Greifvögel. Es handelt sich dabei um eine mehr als 40 Jahre alte Berberitze, in die sich alle Vögel bei Gefahr blitzschnell zurückziehen. Nachts schlafen sie im Inneren des stacheligen Geästs, nach Sonnenaufgang hüpfen sie in die obersten Etagen und wärmen sich in den ersten Sonnenstrahlen.

Den Katzen ist es egal, sie kommen nach wie vor in unseren Garten – nicht nur der Vögel wegen, sie interessieren sich auch für die Frösche und Kröten in unserem Teich. Die Sperber allerdings haben die Vogeljagd nach vergeblichen Versuchen, die Berberitzenfestung zu stürmen, aufgegeben. Sie lassen sich inzwischen nur noch für gelegentliche Kurzbesuche blicken.

Mit Dornen bestückt Direkt neben den Futterspendern steht ein großer stacheliger Berberitzenstrauch – eine für Katzen und Greifvögel uneinnehmbare Festung.

ERNTEZEIT

Futter in Hülle und Fülle

TISCHLEIN, DECK DICH!

Zeit zum Schlemmen – Zeit des Abschieds

Beim allmorgendlichen Blick nach draußen sehen wir die Veränderungen von Tag zu Tag und spüren die kühleren Temperaturen – der Herbst hält Einzug. Damit wiederholt sich der alljährliche Umbruch, der unserer Natur nun bevorsteht. Doch bevor wir mehr Zeit drinnen verbringen, werden wir von den immer prächtiger werdenden warmen Farben des Herbstlaubs verzaubert. »Bunt sind schon die Wälder«, dieses bekannte und fröhliche Herbstlied von Johann Gaudenz von Salis-Seewis feiert die Farbenpracht und begleitet uns temperamentvoll in diese Zeit.

Sechs Monate sind vergangen, seit uns ein ähnliches Spektakel begeistert hat. Damals war es das berauschende Blütenmeer im Frühling – und es war auch das Wissen, dass in unseren Gärten die Vögel wieder singen und Scharen von Zugvögeln in ihre Heimat zurückkehren würden. Jetzt vollzieht sich ein ähnlicher Wandel, wenn auch in umgekehrter Richtung.

Aufbruch und Flug in den Süden

Nicht alle Menschen teilen auf Anhieb die Begeisterung für den goldenen Oktober. Immerhin sind die Lieder der Vögel nun endgültig verklungen, und zahlreiche Arten haben durch den Wechsel des Federkleids während der Mauser ihr Prachtgefieder verloren. Sie

Rotkehlchen Damit es im Winter bei uns bleiben kann, stellt das Rotkehlchen im Herbst seinen Speiseplan um. Statt Insekten ist nun eine deftige Kost aus Fettfutter und zerbröselten Meisenknödeln angesagt.

Gartenrotschwanz Im Herbst werden Insekten immer rarer, im Winter sind sie kaum mehr vorhanden, doch Nüsse und Kerne verschmähen die Insektenfresser in der Regel. Daher bleibt all diesen Vögeln – darunter auch der Gartenrotschwanz – nur der Zug in ihr fernes Winterquartier im Süden.

kleiden sich fortan in schlichtere Farben. Der Begriff »Mauser« hört sich nach Verschleiß und Mangel an, doch in Wirklichkeit ist dieser Prozess ein notwendiger Vorgang im Leben eines Vogels. Durch die Dauerbelastung des Gefieders seit der Paarungszeit tragen die Altvögel im Sommer ein ziemlich verschlissenes Federkleid. Ein Federwechsel ist dringend erforderlich, damit das Gefieder seine Funktion – Flugfähigkeit, Isolation gegen Kälte und Hitze – behält. Die Mauser wird in der Regel einmal im Jahr durchgemacht.

Die Zugvögel begeben sich nun auf die lange Reise in ihre Winterquartiere, die in wärmeren Gefilden im Süden liegen. Das jahreszeitbedingte, alljährlich zurückgehende Angebot ihrer Insektennahrung macht für viele Vogelarten ein Verweilen in unseren Breiten unmöglich. Und dennoch gibt es inzwischen zahlreiche Verhaltensänderungen, die sich aufgrund der Klimaerwärmung beobachten lassen. Da die Winter kürzer und im Schnitt wärmer werden, gestalten sich die Lebensbedingungen für die Kurzzieher unter unseren Zugvögeln erträglicher. Und so fliegen sie entweder nicht mehr so weit nach Süden oder bleiben gleich das ganze Jahr über bei uns. Durch den Klimawandel beginnt auch die Brutzeit früher, was für all die Arten, die weiter nach Süden in ihre Winterquartiere ziehen, den Nachteil mit sich bringt, dass in ihrer Heimat die möglichen Nistplätze bereits belegt sind. Auch das Nahrungsangebot für die Spätheimkehrer wird sich in Zukunft verändern – haben doch die ansässigen Vögel bis zum Eintreffen der Langstreckenzieher bereits einen großen Teil der verfügbaren Insekten an ihren Nachwuchs verfüttert.

Zu den bisherigen Gewinnern des Klimawandels zählen die Stare, die sich in der nun kürzeren kalten Jahreszeit mit dem Verzehr von Beeren begnügen. Auch Mönchsgrasmücken

Mönchsgrasmücke Männchen und Weibchen dieser weitverbreiteten Art unterscheiden sich anhand der Färbung ihrer Kopfplatte. Beim Männchen ist sie tiefschwarz, beim Weibchen dagegen hellbraun gefärbt.

und Heckenbraunellen haben sich umgestellt und kehren früher zurück oder ziehen gar nicht mehr weg. Zum Nachteil hat sich die Situation unter anderem für die Trauerschnäpper entwickelt. Als typische Langstreckenzieher gehören sie zu jenen Vögeln, die nach der Rückkehr auf bereits belegte Brutplätze stoßen.

Reichlich Lohn für die, die bleiben

Wenn uns nun auch die eine Hälfte der heimischen Vögel für eine Zeit verlässt, bleibt die andere Hälfte – die bescheideneren Körnerfresser – bei uns. Für ihre Standorttreue werden sie zunächst reich belohnt, denn Herbstzeit ist Erntezeit, in der die Natur ein riesiges Füllhorn, randvoll mit Beeren, Früchten und anderen schmackhaften Leckereien, für all die geduldig ausharrenden Vogelarten ausstreut.

Dies sollten wir bei der Gestaltung eines naturnahen Gartens gezielt berücksichtigen. Obstbäume, Haselnusssträucher, Buchen, Eichen, aber auch für den Menschen giftige Pflanzenarten wie etwa Eiben lassen die Herbstzeit zu einem kulinarischen Highlight für unsere Standvögel werden. Ist der Tisch mit Beeren und Früchten reichlich gedeckt, kommen vielleicht auch zwischenzeitlich so selten gewordene Gäste wie Gimpel und Kernbeißer zu Besuch in unseren Garten.

Gelegentlich lässt sich der imposante Eichelhäher blicken. Wie sein Name schon vermuten lässt, versteckt dieser stattliche Vogel größere Früchte wie Eicheln, woraus wiederum das Eichhörnchen seinen Nutzen zieht. Es macht sich an den vergrabenen Vorräten des Hähers zu schaffen und verscharrt sie dann seinerseits an einer anderen Stelle. Gute Beobachtungsgabe versteht sich von selbst. Es kann aber auch sein, dass dieses Spiel andersherum abläuft und der Häher das Hörnchen bestiehlt.

Rastplatz im Transitbereich

Zuweilen wird der Garten zum Rastplatz für Transitgäste, wenn Zugvögel auf ihrer langen Reise in den Süden bei uns Rast machen, sich ausruhen, an der Wasserstelle trinken oder baden. Diese Durchzügler bleiben manchmal einige Tage bei uns, weil sie bemerkt haben, dass sich hier viele weitere Vögel aufhalten.

Für alle Vogelfreundinnen und Vogelfreunde stellen diese Kurzbesuche eine echte Freude dar, denn bei diesen Gelegenheiten können durchaus Beobachtungen sehr seltener Arten gelingen. Bei uns ließen sich im Herbst unter den reinen Durchzugsgästen schon Klapper-, Garten- und Dorngrasmücke sowie Trauerschnäpper, Gebirgsstelze und Rotrückenwürger im Garten beobachten.

Spektakuläre Gäste

Eine Sensation erlebten wir, als sich eines Tages ein Blaukehlchen auf dem Weg nach Süden schnurstracks in unsere Küche verirrte. Sogar ein stattlicher Mäusebussard war eines Tages auf Kurzvisite im Garten, und eine Stockente legte am Teich ein Ei ab. Transitzeit – das ist die Zeit, aus der Träume sein können.

Kohlmeise Für Meisen und Finken bietet der Herbst eine feine Zusatzkost. Es sind die kleinen Achäne-Nüsschen, die Distelfink und Co. aus dem dichten Samenpolster der Ackerkratzdistel herauspicken.

Goldener Oktober Langsam wandeln die Herbstfarben den Garten in ein Feuerwerk aus gelb-orangen und leuchtend roten Tönen um. Der Futterplatz wird mit Beerenzweigen und bunten Dekorationen aus dem Herbstfundus bestückt. Jetzt ist die Kulisse »goldener Oktober« angesagt.

Türkentaube Leise plätschert das Wasser über mehrere Stufen, das herbstliche Laub des Fingerahorns umrahmt die verborgene Vogeltränke. Ein romantisches Motiv, doch die beiden Türkentauben sehen das herbstliche Stillleben aus einer anderen Warte. Sie wollen nur ihren Durst stillen – möglichst abseits des lärmenden Spatzenvolks.

Kleiber Der Kleiber ist der Hamster unter den Gartenvögeln. Ist der erste Hunger gestillt, wird alles, was er für fress- und transportierbar hält, mit dem Schnabel aufgenommen und in Baumritzen oder sonstigen Verstecken deponiert. Bei Bedarf kann er dann jederzeit dorthin zurückkehren und aus dem Vollen schöpfen.

Kohlmeise Wo sich ein Kleiber herumtreibt, ist eine Kohlmeise nicht weit. Und die profitiert nicht nur von ihrer ausgezeichneten Beobachtungsgabe, sondern ist auch ganz schön schlau. Systematisch sucht sie Baumritzen und andere Verstecke des Kleibers ab und leert in aller Ruhe seine Nahrungsdepots.

Kohlmeise Die meisten Pilze im Garten sind zwar nicht genießbar, doch die findigen Meisen wissen sich zu helfen: Wassergefüllte Pilzkelche werden gern als Tränke oder Sitzbadewanne angenommen.

Bergfink In der kalten Jahreszeit sind die Bergfinken aus dem hohen Norden regelmäßige Gäste. Sie fallen oft in Schwärmen von über 1000 Individuen in unsere Gärten ein, lassen sich in beerentragenden Sträuchern nieder und schlagen sich die Bäuche voll.

Eichelhäher Im Herbst hat der Eichelhäher seine große Zeit. Er sammelt Nüsse und Eicheln, die er im Boden als Vorrat für den Winter vergräbt. Den Großteil dieses Schatzes vergisst der Vogel über die Monate – und wird somit im Wald zum Förster, der neue Bäume pflanzt.

Trauerschnäpper Mit etwas Glück sucht noch ein verspäteter Zugvogel die Wasserstelle im Garten auf. Vielleicht hat dieses Trauerschnäpperweibchen den allgemeinen Abflug verschlafen.

Sumpfmeise Die orange-rosafarbene Frucht der Pfaffenkappen sind für Menschen giftig, nicht aber für Vögel. Sie laben sich genüsslich an diesen Köstlichkeiten, wie auch an zahlreichen anderen Beeren im Garten.

< Gartenrotschwanz Nach und nach fallen die bunten Blätter von den Bäumen. Das finale Aufglühen des goldenen Oktobers verliert deutlich an Kraft. Vereinzelt gibt es aber entlang der Hecken in manchen Gärten ein plötzliches Aufglühen der anderen Art. Es sind Trupps umherfliegender männlicher Gartenrotschwänzchen, die für ein kurzes Aufleuchten in der düster werdenden Landschaft sorgen, bevor sie ihre Reise ins südliche Afrika antreten.

> Kleiber Ob dieser Vogel in Pilzgestalt wusste, dass ein Sperber kein Pilzliebhaber sein kann? Wenn ein Kleiber volle acht Minuten in dieser Haltung regungslos verharrt, dann kann nur ein Greifvogel in unmittelbarer Nähe sein und auf Beute lauern. Erst als der Sperber abflog, wurde auch der »Pilz«, der ein Kleiber war, wieder lebendig und ging erneut seiner Lieblingsbeschäftigung nach: Futter verstecken.

> Rotkehlchen Ein kleines, rundes Rotkehlchen, verfließt rein farblich betrachtet mit den orangegelben Maiskolben in einer alten Holzschale. Zwar mag das Rotkehlchen keinen Mais, aber der Schnee in der Schale ist auch nicht gerade verlockend.

>> Stare Bevor die Sterne am nächtlichen Himmel erscheinen, haben es die Stare eilig, noch einen Schlafplatz zu ergattern. In riesigen Schwärmen finden sich Tausende von ihnen zusammen, um in geeigneten Schlafbäumen zu übernachten. In Großstädten wie Rom bieten diese Vogelmassen allabendlich den Bürgern ein gigantisches Schauspiel, wenn sie im Synchronflug bei himmlischer Festbeleuchtung ihre spektakuläre Show vorführen.

DER KLEIBER IN AKTION

Komm her, du Nuss!

Die Tage werden kürzer, die Gesänge der Vögel sind längst verstummt, und die Blätter verfärben sich von Grün über Gelb und Orange zu Rot, bis sie schließlich zum Boden schweben. Von den Bäumen fallen jetzt auch reife Früchte wie Eicheln, Bucheckern und Haselnüsse. Der Herbst ist eine Zeit des Überflusses, in der sich zahlreiche Vögel von der vorübergehend reichlich vorhandenen Nahrung einen Vorrat für schlechtere Zeiten anlegen können.

Auch der Kleiber zählt zu den Vorratsanlegern. Im Garten ist er fast den ganzen Tag damit beschäftigt, möglichst viele Nüsse zu ergattern und zu verstecken. An diesem Versteckspiel beteiligen sich viele der anwesenden Vögel nur allzu gern, indem sie den fleißigen Kleiber bei jeder sich bietenden Gelegenheit um einen Teil seiner Vorräte erleichtern. Solch eine Option gibt es immer dann, wenn der Kleiber eine Nuss nicht vergräbt, sondern in einen Rindenspalt wie in einen Amboss einklemmt und mit kräftigen, weit ausholenden Schnabelhieben so lange auf sie einhämmert, bis die Schale nachgibt. Nun kann sich der Vogel den schmackhaften Inhalt einverleiben.

Da dem Kleiber eine Nuss nicht genügen wird, um seinen Energieverbrauch auszugleichen, kommen meist noch weitere Nüsse auf den Amboss. In dieser Zeit können die gewitzten Meisen in aller Ruhe die Vorratskammern des Kleibers plündern. Nicht immer ist der Stärkere auch der Gewinner.

Rote Früchte Mit plakativem Rot laden manche Pflanzen die Vogelwelt zum Verzehr ihrer schmackhaften Früchte ein. Durch das Fressen der Samen und dem anschließenden Ausscheiden der unverdaulichen

Bestandteile tragen Vögel zur Verbreitung zahlreicher Pflanzen bei. Links: Eibe, Sauerdorn und Geißblatt. Mitte: Rotkehlchen nascht an einer Traubenkirsche. Rechts: Schneeball, Traubenkirsche und Weißdorn.

Blaue Früchte Was der Eibe und der Traubenkirsche ihre rote Farbe, ist der Schlehe und dem Wein das nicht minder auffällig leuchtende Blau. Wie wir Menschen, so haben auch die Vögel unterschiedliche Geschmäcker, was ihre

Beerenvorliebe anbelangt. Und so gilt in der Natur ebenfalls Angebot und Nachfrage. Links: Blaubeere, Liguster und Hartriegel. Mitte: Weibchen der Mönchsgrasmücke im Efeu. Rechts: Holunder, Kulturwein und wilder Wein.

Braune Früchte Früchte mit brauner Schale sind in der Regel eher etwas für Hartgesottene. Hartes Material erfordert kräftige Schnäbel. Die Schalen sollen eher vor gefräßigen Vögeln schützen, denn anscheinend wollen

die Pflanzen ihre Verbreitung lieber selbst regeln, als den Umweg über die Verdauung zu nehmen. Links: Wilde Karde, Distel und Haselnuss. Mitte: Kohlmeise mit Erdnuss. Rechts: Bucheckern, Eicheln und Kiefernzapfen.

BIOTOPVIELFALT IM GARTEN

Mit naturnaher Gestaltung Vögel anlocken

Wer dazu beitragen möchte, dass sich die Vögel das ganze Jahr über in unseren Gärten wohlfühlen, sollte einige wichtige Voraussetzungen beachten. Oberste Priorität neben der Bepflanzung ist die naturnahe Gestaltung mit möglichst unterschiedlichen Biotopformen. Nach unserer Erfahrung stechen hier besonders einige Biotope hervor, die im Nachfolgenden kurz skizziert werden sollen:

- **Steingarten, Magerboden, Sandboden, Heidelandschaft**
  Nährstoffarme Böden, kalkhaltig, relativ trocken, volle Sonne, wenig Schatten; pflegeleicht, verträgt auch längere Trockenzeiten; keine Düngung, sonst ist alles schnell zugewachsen.
  Flora: Am besten schmal- oder kleinblättrige alpine und mediterrane Staudengewächse, heimische Wildblumen, Heidekraut, Lavendel, verschiedene Gräser, Besenginster, Thymian, Königskerzen, Steinbrech, Wacholder, Hundsrose, Zwergkiefer u. v. a.
  Lebensraum für zahlreiche Insekten wie Solitärbienen, Hummeln, Schwebfliegen, Heuschrecken, Laufkäfer und Spinnen; Insektenhotels aufstellen.
  Vogelarten: Insektenfresser wie Fliegenschnäpper und Grasmücken.

- **Waldzone, Schattengebiete, Gehölzgruppen, Totholz**
  Humusreiche, feuchte Böden, Nadelstreu, Rindenmulch, wenig Sonne, hohe Feuchtigkeit, dichte Vegetation, große Blätter; im Frühling blütenreich mit vielen Insekten, im Herbst viele Früchte; zu einem nicht zu kleinen Haufen lose aufgestapeltes natürliches Altholz bietet Insekten und deren Larven einen Lebensraum.
  Vogelarten: Körner- und Samenfresser wie Finken, Meisen, Drosseln, Spechte; viele Brutmöglichkeiten im Dickicht, in Bäumen und Hohlräumen.

- **Feuchtbiotop, Gartenteich, Bachläufe, Wasserfälle**
  Wichtigstes und sehr artenreiches Biotop im Naturgarten, Lebensraum und Treffpunkt für viele Tiere, Nahrungslieferant für Insektenfresser in Form von

Lebendtieren wie Klein- und Großlibellen, Eintagsfliegen, Köcherfliegen und deren Larven; auf Fischbesatz in einem Teich weitgehend verzichten, da sonst ein reiches Insektenleben nicht möglich ist.

Auf die Bepflanzung achten

Es zahlt sich aus, wenn man beim Bepflanzen des Gartens im Frühjahr schon an den Herbst denkt, damit die Gartenvögel in dieser Zeit eine reichhaltige Ernte an Köstlichkeiten vorfinden und sich winterfest vollfuttern können. Doch welche Gewächse setzt man am besten ein? Hier scheiden sich die Geister.

Manche Wissenschaftler vertreten die Meinung, dass nur heimische Sorten gepflanzt werden sollten, damit die Vögel den größtmöglichen Nutzen davon haben. Aber nicht selten sind Gartenbesitzer auch leidenschaftliche Gärtner und Pflanzenliebhaber – und so hat man eben auch Freude an nicht heimischen und exotischen Gewächsen. Das bedeutet, dass man sicher nicht zum Nachteil der Vogelwelt eine größere Auswahl für die Bepflanzung zur Verfügung hat. Doch auch hier gilt: Augen auf beim Pflanzenkauf. Ein immergrüner Kirschlorbeer etwa bringt zwar einen guten Sichtschutz, aber weder Insekten noch Vögel profitieren von diesem Strauch. Und die so beliebten Thujen eignen sich nur dann als Nistbäume, wenn sie nicht zur undurchdringlichen grünen Mauer verschnitten wurden.

Weitere Gartenpflanzen aus dem europäischen Süden ermöglichen aufgrund der Klimaerwärmung die Zuwanderung mediterraner Tierarten, was bei unserem zunehmenden Artenschwund eine durchaus willkommene Bereicherung sein kann. Der exotische Sommerflieder etwa, der ursprünglich aus China und Tibet stammt, lockt mit seinen violetten Blüten enorm viele Insekten an. Vor allem

Biotope im Garten In der Trockenzone bieten Doldengewächse während der Blütezeit ein Eldorado für Insekten (rechts oben). In die Waldzone hat sich unsere kleinste Vogelart, das Wintergoldhähnchen, verirrt (rechts).

Rotkehlchen Hoch oben auf dem Dekovogel genießt das Rotkehlchen den Ausblick am Teichufer. Nur zu gern würde es eine Kleinlibelle fangen.

Hausrotschwanz Ob man die Katze nicht einfach mit leckeren Insekten füttern könnte und sie dadurch ihren Appetit auf kleine Gartenvögel verlöre?

zahlreiche bunte Tagfalter sind es, die ihn aufsuchen, um Nektar zu saugen. Unsere Vögel erbeuten zwar kaum einen Tagfalter, doch viele der Nachtfalter, sie sich zur Dämmerung am Strauch einfinden, werden zu ihrer Beute.

Eine andere exotische Art aus Nord- und Mittelamerika wird seit Jahrhunderten bei uns angebaut und ist – obwohl ein Fremdling – dennoch von großem Nutzen für die Vogelwelt. Die Rede ist von der Sonnenblume. Was wäre die Vogelfütterung ohne Sonnenblumenkerne?

Lockvögel – Kunst, Kitsch oder Krempel?

Vogelbeobachtungen im heimischen Garten machen einfach süchtig. Von der Entenjagd ist bekannt, dass man durch Entenattrappen in einem Wasservogelbiotop wild lebende Vögel anlocken kann. Dieses Verführungsprinzip sollte doch auch im Garten möglich sein – so dachten wir uns. Deshalb stehen in unserem Garten an verschiedenen Stellen Blech- und Keramikvögel, selbstverständlich geschmackvolle Gartendekorationen in Vogeldesigns.

Geschmackvoll? Wirklich? Weil ich staatlich geprüfter Künstler bin, oder weil ich ganz einfach einen Vogel habe? »Kultur trifft Natur«, das ist unser Motto.

Kunst ja, Kitsch nein – aber wer kann schon über Geschmack richten? Wir haben jedenfalls versucht, keine bedrohlich wirkenden Vogelgestalten auszusuchen. Den echten Gartenvögeln gefallen die stummen Kollegen offenbar auch, obwohl sich die seltsamen Vogelgestalten nicht bewegen und manche etwas merkwürdig aussehen. Als Aussichtswarte werden sie gern angenommen – und uns trösten sie vor allem während der kalten Jahreszeit über die vogelarmen Monate hinweg.

Bei der Anschaffung solch dekorativer Piepmätze ist zu berücksichtigen, dass die kalten Wintermonate so manch schönes Stück zerstören könnten. Alle Gegenstände aus Ton oder Keramik zerbrechen sehr schnell, wenn durch Regen Feuchtigkeit eingedrungen ist und sich dann bei Minusgraden Eis bildet, das sich ausdehnt und das Material sprengt. Da hilft es nur, alle empfindlichen Kunstobjekte vorher dick einzupacken oder frostsicher zu überwintern.

Standorttreue Vögel Diese originellen Terrakottaspatzen aus dem südlichen Italien verlassen den Garten im Winter garantiert nicht, um in die Wärme zu fliegen.

WINTERZEIT

Der Kälte trotzen

NUR DIE HARTEN SIND IM GARTEN

... und dankbar für die Futterplätze

Die Vogelfütterungen zur Winterzeit offenbarten uns in den letzten Jahren, wie rasant sich der Rückgang vieler Vogelarten bemerkbar macht. Viele der früher als selbstverständlich erwarteten Wintergäste sind im Garten sehr selten geworden. Dazu zählen Arten wie Gimpel, Distelfink, Erlenzeisig, Birkenzeisig und Kernbeißer. Selbst Buchfinken und Grünfinken werden immer weniger. Da die Menschen an dem Artensterben nicht unschuldig – eigentlich müsste man sogar sagen: die alleinigen Verursacher – sind, sollten wir neue Wege gehen, gefährdete Arten zu unterstützen, und retten, was noch zu retten ist. Wenn wir zumindest einen Teil unserer heimischen Vögel erhalten wollen, können wir neben dem klassischen Engagement im Vogelschutz auch ganz persönlich in unseren Gärten aktiv werden. Für uns bedeutet dies, wie bereits erwähnt, die Zeitspanne der Fütterung über das ganze Jahr hinweg auszudehnen.

Wer dennoch plant, weiterhin nur im Winter zu füttern, sollte damit spätestens ab Mitte Oktober beginnen. Startet man die Nahrungsgaben erst gegen Ende November oder gar erst im Dezember, dann riskiert man, dass die Vögel den Winter über nicht in den Garten kommen. Bestenfalls kann man einem Nachbarn, der früh genug mit der Fütterung begonnen hat oder auch schon über das ganze Jahr hindurch tätig war, über den Zaun hinweg zuschauen. Der Grund dafür ist, ist, dass die Vögel dem Futterplatz, an dem sie zuerst einen zuverlässig gedeckten Tisch vorfinden, für gewöhnlich den ganzen Winter über treu bleiben.

Ein möglichst abwechslungsreiches Futter lockt unterschiedliche Vogelarten an. Sonnenblumenkerne bilden dabei die Hauptnahrung, wobei die angebotene Variante in Bruchform oftmals verschmäht wird. Auch bei Mischfutter wird ein Großteil davon nicht angenommen, ähnlich ist es mit Getreidekörnern, die nur zur Not gefressen werden. Beim Kauf von Vogelfutter sollte man daran denken: je niedriger der Preis, desto schlechter die Qualität. Die Folge ist, dass die Vögel wahrscheinlich eine bessere Futterquelle aufsuchen oder dass ein Teil des Futters liegen bleibt, das dann zu gären und zu faulen anfängt und somit ein Hygieneproblem verursachen kann.

An dieser Stelle sei darauf hingewiesen, dass eine Reinigung des Futterplatzes und der

Futterspender eine Grundvoraussetzung dafür ist, dass man solche Anlagen im Garten unterhält. Dies sollte von Anfang an mit eingeplant werden. Eine regelmäßige Reinigung im Winter ist selbstverständlich, sollte im Sommer allerdings wegen der höheren Temperaturen noch öfter erfolgen.

Blaumeise Ansammlung vor der Knödelalm: Man könnte annehmen, Blaumeisen seien noch zahlreich vertreten. Doch ihr Bestand ist stark zurückgegangen, nicht nur aufgrund des Insektenmangels im Sommer, sondern auch durch eine Seuche, die speziell diese Art befällt.

So unterschiedlich sind die Vorlieben

Meisen, Sperlinge, Kleiber und Spechte bevorzugen ein Gemisch aus Fett und Körnern, das in verschiedenen Futterspendern dargeboten werden kann. Mischt man selbst das Fettfutter aus Rindertalg, Sonnenblumenkernen und gemahlenen Erdnüssen, sollten einige Tropfen Öl beigemengt werden, damit es bei Frost nicht zu hart wird. Meisenknödel sollten ohne Plastiknetz gekauft und, wenn möglich, in speziellen Futterspendern angeboten werden. Sehr bewährt haben sich bei uns die Knödelsilos. Sie sind zwar im Handel nicht erhältlich, aber leicht selbst aus feinem Maschendraht und Aststücken herzustellen. Was die Bauweise anbelangt, sind der Fantasie keine Grenzen gesetzt. Eine weitere Variante sind mehrere,

Gimpel Früher verwechselte man schon mal die kräftig gefärbten Gimpel mit knallroten Äpfeln in Bäumen, so häufig kamen die Vögel im Garten vor. Doch das ist längst Schnee von gestern. Heute kann sich glücklich schätzen, wer wenigstens einen im Garten entdeckt.

mit einem Bohrloch versehene Knödel, die auf einer Schnur oder einem dicken Draht aufgefädelt werden. Diese »Knödelschlangen« hängt man dann ins Geäst.

Bei der Nutzung dieser Silos durch Meise und Co. fallen laufend kleine Stückchen nach unten auf den Boden – vor die Schnäbel von Rotkehlchen und Zaunkönig, die die Brösel gern verzehren. Diese beiden Weichfutterfresser schätzen aber auch fein gemahlene Haselnusskerne. Gemahlene Mandeln wiederum eignen sich gut zur Beimengung bei der Zubereitung von Fettfutter, das in Äste, die vorher mit Sackbohrungen versehen wurden, gefüllt wird. Buntspechte sind dann bald Stammgäste an den fettgefüllten Futterspendern.

Spektakuläre Gäste

»Schnell komm mal raus, nimm die Kamera mit. Da sind ganz komische Vögel.« Ich habe diese Worte meiner Frau noch heute im Ohr. Es ist bereits einige Jahre her. So schnell ich konnte, nahm ich die Kamera und das Tele, rannte hinaus in den Vorgarten, schaute dorthin, wohin meine Frau mit dem Finger in Richtung Kirschbaumkrone zeigte. Was ich dann sah, verschlug mir die Sprache. Da saßen einige Vögel, die ich zwar aus diversen Büchern kannte, aber selbst noch nie zu Gesicht bekommen hatte. Vögel von ganz weit her, aus Sibirien, die nur äußerst selten zu uns kommen und auch nur dann, wenn in ihrer Heimat ihre Lieblingsnahrung zur Winterzeit, Beeren, nicht mehr zu finden sind. Das, was wir gerade bestaunten, waren wunderschöne Seidenschwänze. Die etwa starengroßen Vögel haben ein sehr weiches, seidenartiges Gefieder und bunte Schwanzfedern.

In diesem Winter hatten wir keine roten Beeren in der näheren Umgebung. Aber warum kamen die Seidenschwänze dann in unseren Garten? Wir fanden keine logische Erklärung – wollten sie uns vielleicht nur eine kleine persönliche Freude bereiten? Wer weiß.

Der erste Versuch, einige der Vögel zu fotografieren, misslang. Nach wenigen Minuten flog die Schar davon. Aus der Literatur wusste ich, dass Seidenschwänze in großen Scharen invasionsartig in ein Gebiet einfallen, sich alles, was sie begehren, einverleiben und dann gleich wieder weiterziehen. Nicht von ungefähr kommt es also, dass man sie auch als Invasionsvögel bezeichnet. Mit meiner Vermutung, dass es in der Nähe noch weitere Seidenschwänze geben müsste, behielt ich recht. Ich fand große Scharen von ihnen in der Nähe im Erdinger Moos. Erstaunlicherweise waren die Vögel überhaupt nicht scheu. In nur zwei bis drei Meter Abstand zum Auto saßen sie seelenruhig in den Sträuchern am Straßenrand und ließen sich beim Beerenschlucken fotografieren. Ich habe diese Boten des Nordens seitdem nie mehr vor die Linse bekommen.

Weit häufiger als die Seidenschwänze besuchen uns noch andere Gäste aus dem hohen Norden. Diese Wintergäste, die bei Weitem nicht so immense Strecken zurücklegen müssen, ziehen aus dem Norden Skandinaviens zu uns. In erster Linie sind es die schmucken Wacholderdrosseln, die ebenfalls wegen der roten Beerenfrüchte erscheinen und meistens in lockeren Trupps in den Hecken der freien Feldflur zu beobachten sind.

Eine weitere nordische Vogelart, die es bis in unsere Gärten schafft – wenn auch in den letzten Jahren ebenfalls in schwindenden Bestandszahlen –, sind die bunt gefärbten Bergfinken. In guten Jahren werden Schwärme von mehreren Tausend Vögeln gezählt. Diese im Ruhekleid orangebraun gefärbten Finken kommen auch gern an unsere Futterplätze. Kurz vor ihrer Rückreise in den Norden wechseln die Männchen ihr Federkleid und tragen nun mit kräftig orangebraunem Körper und tiefschwarzem Kopf ihr Prachtgefieder.

Befindet sich im Garten ein Fischteich mit Jungfischbesatz, kann es im Winter sogar passieren, dass der bunteste Vertreter unserer heimischen Vogelwelt – der blau schillernde Eisvogel – für einige Minuten vorbeischaut.

Kohlmeise Wie die meisten Vögel aus der Familie der Meisen sind auch Kohlmeisen während der Brutsaison nur paarweise zusammen, da für mehrere Paare in einem Gebiet zu wenig Nahrung für die Aufzucht des Nachwuchses vorhanden wäre. Nur während der Wintermonate dulden die Vögel andere Artgenossen im selben Revier. Neben den Spatzen sind die Kohlmeisen am häufigsten im Garten anzutreffen.

>> **Buntspecht** Unter den Spechten sind die Buntspechte die bekannteste Art. Dazu trägt sicherlich ihr schwarz-weiß-rotes Federkleid bei. Ganze Buntspechtfamilien besuchen zuweilen unseren Futterstand im Garten. Da die kräftigen Vögel viel energiereiche Nahrung benötigen, ist Fettfutter mit guter Füllung, wie z. B. Nüsse, Rosinen und Haferflocken, genau das Richtige für sie.

Schwanzmeise Die winzigen Vögel mit dem überlangen Schwänzchen zählen zu den Hauptattraktionen im winterlichen Garten. Dabei gilt: Je härter der Winter ausfällt, umso wahrscheinlicher kommen die Schwanzmeisen an die Futterstelle. In der Regel finden sie sich dort in kleinen Trupps zu je vier bis zwölf Mitgliedern, zuweilen aber auch bis zu 30 Stück zusammen. Wobei die Mitgliederzahl gegen Ende des Winters, vor allem bei länger anhaltenden Frostperioden zunehmend weniger wird. Fordert etwa Väterchen Frost seinen Tribut? Da die Schwanzmeisen ihre Besuche am Futterplatz auf wenige Minuten beschränken und sich dabei sehr quirlig verhalten, fallen die unterschiedlichen Zeichnungen des Federkleids im ersten Moment gar nicht auf. In Wirklichkeit handelt es sich um verschiedene Unterarten, die in Mitteleuropa gemischt unterwegs sind (siehe Seite 34). Wer die Anzahl der einen oder anderen Unterart nicht erfassen konnte, hat in den nächsten Tagen wieder Zeit dazu. Schwanzmeisen haben einen ziemlich pünktlichen Flugplan, man könnte fast die Uhr nach ihnen stellen.

Kohlmeise und Blaumeise Sowohl Kohl- als auch Blaumeisen sind die Standardvögel bei der Winterfütterung schlechthin. Auch in den Verhaltensweisen ähneln sich die beiden Arten, und so scheut sich die kleinere Blaumeise nicht, der größeren Meise bei Futterknappheit mutig entgegenzutreten – so ganz nach dem Motto: »Hau bloß ab, du großer Verwandter!«

DER KLEIBER IN AKTION

Spieglein, Spieglein an der Wand ...

Kaum ein Vogel in unserer Heimat ist in der Lage, stets eine so gute Figur zu machen wie der Kleiber. Ob in der Vertikalen, mit dem Kopf nach unten, hoch aufgerichtet wie ein Langhals oder in der Horizontalen mit dem Kopf in der seitlichen Ruhelage – unser Kleiber ist der perfekte Clown, und nur ihm gebührt die volle Punktzahl in der Haltungsnote. Dank seiner Beweglichkeit bleibt ihm nichts verborgen, was sich in Spalten und Ritzen noch so gut versteckt hat. Er durchstöbert den ganzen Garten nach Leckerbissen, die er sich schnurstracks einverleibt.

Zur Winterzeit, wenn hoch im Norden die Landschaft unter den Schneemassen verschwindet und die Beerennahrung rar wird, bekommt unser Kleiber eventuell dennoch Probleme. Es sind Wintergäste wie Bergfinken, Wacholderdrosseln und vielleicht auch die bezaubernden Seidenschwänze, die sich aufgrund des Nahrungsmangels auf den Weg nach Mitteleuropa machen und versuchen, hier satt zu werden. Diese typischen Nordländer mit ihrer stoischen Ruhe lassen sich vom Kleiber kaum vertreiben. Dann gelingt es ihm nicht mehr so leicht, den alles dominierenden Platzhirschen zu spielen. Doch die Zeiten werden auch für ihn wieder besser, wenn der nächste Frühling einzieht.

Ganz egal zu welcher Jahreszeit: Hat man ein Kleiberpärchen als stete Gäste im Garten, lohnt es sich, Stunden der Freude beim Beobachten mit ihnen zu verbringen.

Bergfink Die herrlich bunten Finken aus der Tundra sind nur zur Winterzeit bei uns und wechseln gegen Winterende ihr gedecktes Ruhekleid gegen das farbenfrohe Prachtgefieder. Besonders die Männchen sind nach der Mauser kräftig orange gefärbt und haben ein markant schwarzes Köpfchen.

< **Sumpfmeise** Zu den ständigen, jedoch nicht zahlreichen Gästen gehört auch die Sumpfmeise. Sie holt sich jeden Sonnenblumenkern einzeln und verschwindet damit im Geäst eines Strauches, um dort in Ruhe das Innere des Kerns nach Meisenart herauszupicken. Die Zeitintervalle zwischen den einzelnen Anflügen der Futterstation sind dabei deutlich länger als bei Kohl- und Blaumeisen, was auf einen längeren Zeitaufwand beim Öffnen des Kerns schließen lässt.

> **Zaunkönig** Hier scheint der Zaunkönig, einer unserer kleinsten Gartenvögel, mit der eisernen Dekoration zu verschmelzen – Ton in Ton, als wäre er ein Teil des Kunstwerks. Der Raureif wirkt wie eine krönende Verzierung, gerade so, wie es sich für einen König gebührt.

Kohlmeise Futterspender gibt es im Handel in jeglicher Ausführung und in jeder Preislage. Günstiger und vielfach auch dekorativer ist Selbstgebasteltes aus natürlichen Materialien. Als originell und sehr rustikal erweist sich eine Kokosnussschale mit drei Öffnungen. An diese Löcher klebt man mit Schmelzkleber halbkreisförmige Rindenstücke in Dreiecksform. Diese angesetzten »Balkone« dienen den Meisen als Landeplatz. Die Kohl- und Blaumeisen sind jedenfalls begeisterte Abnehmer der innen bereitliegenden Haselnüsse.

Kohlmeise Eine handelsübliche Knödelhalterung wird durch aufgeklebte Rindenstücke zu einer dekorativen und rustikalen Knödelalm.

< Eisvogel Ein absoluter Höhepunkt jeder Winterfütterung ist der Besuch eines Eisvogels. Er lässt sich höchstens blicken, wenn ein Gartenteich mit offen gehaltener Wasserstelle vorhanden ist und die Frostperiode unerwartet lange anhält. Zugegeben – ein extrem seltener Glücksfall und auch nur von kurzer Dauer.

Kleiber Der Kleiber ist der Star am Futterplatz schlechthin. Selbst im Schneesturm und bei extrem kalten Temperaturen macht er eine äußerst fotogene Figur.

Rotkehlchen Schnee und Eis und das Land von weißen, schwarzen und grauen Schattierungen ergänzt, so bietet sich die Natur im Winter. Wobei dies nicht mal richtige Farben sind. Wie freut sich das Herz eines jeden Naturfreundes, wenn da plötzlich ein kleiner Vogel mit knallig orangefarbener Kehle und noch dazu neben einer verschneiten Hagebutte im Blickfeld erscheint.

Wacholderdrossel Eine lange geschlossene Schneedecke im Norden sorgt dafür, dass auch die auffällig gemusterten Wacholderdrosseln in kleinen oder großen Trupps umherziehen. Manche dieser Wintergäste kommen zur Apfel- und Beerenernte in den Garten oder in eine benachbarte Streuobstwiese. Fallobst steht bei den Wacholderdrosseln ganz oben auf der Speisekarte.

Seidenschwanz Ein äußerst seltener Gast aus dem hohen Norden ist der Seidenschwanz, der nur im Spätherbst und im Winter aus den Tiefen der Taiga zu einem Kurzbesuch bei uns erscheint. Der starengroße Vogel mit dem seidenartigen Gefieder, der markanten Federhaube, dem bunten kurzen Schwanz und den ebenso farbigen Flügeln ist unverwechselbar. Ein Mangel an Beerenfrüchten in ihrer Heimat veranlasst die Seidenschwänze dazu, Wanderungen in meist kleinen bis mittelgroßen Schwärmen zu unternehmen und dabei bis Nordwest- und Mitteleuropa zu fliegen. In Norddeutschland erscheinen zuweilen auch kleinere Trupps oder sogar einzelne Vögel.

Seidenschwanz Lieblingsnahrung der Seidenschwänze sind in erster Linie die Beeren der Eberesche, aber auch die Früchte von Schneeball, Hartriegel, Weiß- und Schwarzdorn sowie Hagebutten und Misteln stehen auf ihrem Speiseplan. Wenn sich in der näheren Umgebung unseres Futterplatzes Bäume und Sträucher mit weithin sichtbaren roten Beeren befinden, könnten diese eventuell in Wintern mit strengen Frösten die Seidenschwänze anlocken. Allerdings müssten dann die beerentragenden Sträucher im Norden schon abgeerntet sein.

>> **Rotkehlchen** Ob dieses Rotkehlchen wohl im ersten, vielleicht schon wärmenden Licht der aufgehenden Sonne vom Frühling träumt?

NACHWORT

Nur wenn man selbst positiv denkt und handelt, kann man Positives erwirken und erreichen. Diesen Satz sollte man immer dann aus der Schublade holen, wenn man meint, dass das, was um uns herum geschieht, nicht zu ändern ist. Allzu viele Menschen haben sich vor allem bei Themen rund um die Umwelt damit abgefunden. Man nimmt das hin, weil der Fortschritt das eben mit sich bringt, und Fortschritt wollen wir ja alle.

Doch die Änderungen dürfen nicht auf Kosten der Umwelt und der Artenvielfalt geschehen. Umweltzerstörung ist gleichbedeutend mit Zerstörung der Natur. Viele Menschen vergessen nur sehr schnell, dass wir selbst auch ein Teil dieser Natur sind.

Bei der Rettung unserer Gartenvögel sollten daher möglichst viele Hobbygärtnerinnen und -gärtner mitarbeiten und aus einem allgemein üblichen Standardgarten nach und nach ein kleines Vogelparadies schaffen. Nur wenn aus mehreren naturnahen Gärten ein Netzwerk entsteht, kann eine Kehrtwende weg von lebensarmen grünen Wüsten bzw. lebensfeindlichen Schottergärten hin zu blühenden vogelreichen Oasen mit sangesfreudigen Bewohnern geschaffen werden.

Lassen wir alles ohne Gegenwehr einfach so weiterlaufen, werden wir bald feststellen, dass es für sehr viele unserer gefiederten Freunde plötzlich zu spät und eine Rückkehr zu einstigen Zeiten nicht mehr möglich ist.

Dies gilt gleichermaßen für unsere Vögel wie auch für unsere Insekten ebenso wie für die Spinnen. Seltsamerweise spricht noch niemand vom Aussterben der Spinnen. Doch das werden wir spätestens dann nachholen, wenn uns die Stechmücken jegliche Freizeitbetätigung im Freien verderben werden.

Letztendlich bleibt uns dann nur noch die traurige Erkenntnis wie man in Bayern sagt: »Aus is und gor is und schod is, dass wohr is!« (»Aus ist es und Schluss ist es und schade ist es, dass es wahr ist!«)

Über den Autor

1943 geboren, machte Heinz Schmidbauer seine große Leidenschaft, das Filmen von Tieren, zum Beruf. Er verfasste zahlreiche Fernsehbeiträge, vor allem über die Artenvielfalt von Insekten, und war als Filmemacher von Heinz Sielmann für den NDR tätig. Der begeisterte Naturfotograf hat seinen Garten in ein Paradies für unsere heimischen Gartenvögel verwandelt und erfüllt sich mit diesem Fotoband einen Traum. (www.photoartschmidbauer.de)

Dank

Einen herzlichen Dank an meine Frau, die seit mehr als 50 Jahren bei meiner filmischen und fotografischen Tätigkeit an meiner Seite ist und mich stets mit voller Kraft unterstützt. So auch bei diesem Werk, das ohne meinen Spatz nicht machbar gewesen wäre. Herzlich danken möchte ich auch meiner Nachbarin Kirsten Strauß-Rohmeis, die mir über weite Strecken mit spitzer Feder bei der Schreiberei behilflich war. Und ein weiterer herzlicher Dank geht an Gerdi Killer für ihre außergewöhnliche Geduld und Ausdauer beim Lektorieren und Layouten der nicht enden wollenden Text- und Bilderflut.

Impressum

Verantwortlich: Susanne Then
Redaktion, Layout und Satz: Gerdi Killer und Lily Spitzkopf, bookwise GmbH, München
Korrektorat: Constanze Lüdicke
Umschlaggestaltung: Leeloo Molnar
Repro: LUDWIG: media
Herstellung: Bettina Schippel
Printed in Slovenia by Florjancic

Unser komplettes Programm finden Sie unter

www.frederking-thaler.de

Die Deutsche Nationalbibliothek verzeichnet diese Publikation in der Deutschen Nationalbibliografie; detaillierte bibliografische Daten sind im Internet über http://dnb.d-nb.de abrufbar.

In diesem Buch wird aus Gründen der besseren Lesbarkeit das generische Maskulinum verwendet. Weibliche und andere Geschlechteridentitäten werden dabei ausdrücklich mitgemeint, soweit es für die Aussage erforderlich ist.

Bildnachweis:
Alle Bilder auf dem Umschlag und im Innenteil stammen von Heinz Schmidbauer, Neufinsing, außer:
Franz-Xaver Peischl, Neufinsing, S. 55 u., 74/75, 95, 103, 111 l. u., 111 r. u., 148/149.

Umschlagvorderseite: Schwanzmeisen auf Ast; S. 1: Rotkehlchen; S. 2–3: Buntspecht schaut nach einer Schwebfliege; S. 4–5: Kleiber auf Altholz; S. 7: Kohlmeise fängt Mücken; S. 11: im Garten des Autors; S. 12/13 Star im Gegenlicht; S. 60/61 Baumläuferpaar; S. 90/91 Sperlingsfütterung; S. 164/165 Rotkehlchen im Herbstlaub; S.196/197 Kohlmeise im Schnee; Umschlagrückseite, o. v. l. n. r.: Sumpfmeise auf Pfaffenkäppchen; junger Specht im Gegenlicht; Rotkehlchen; u.: Brutablösung bei den Kohlmeisen

2. Auflage 2022

ISBN 978-3-95416-341-0